高等院校艺术设计专业精品系列教材

“互联网+”新形态立体化教学资源特色教材

潘鲁生　总主编

产品设计程序与方法

苏　珂　编著

中国轻工业出版社

图书在版编目（CIP）数据

产品设计程序与方法 / 苏珂编著. —北京：中国轻工业出版社，2025.9

ISBN 978-7-5184-3683-5

Ⅰ. ①产… Ⅱ. ①苏… Ⅲ. ①产品设计 Ⅳ. ①TB472

中国版本图书馆 CIP 数据核字（2021）第 195275 号

责任编辑：李　红　　　　责任终审：李建华　　整体设计：锋尚设计
策划编辑：毛旭林　李　红　责任校对：朱燕春　　责任监印：张　可

出版发行：中国轻工业出版社（北京鲁谷东街5号，邮编：100040）
印　　刷：艺堂印刷（天津）有限公司
经　　销：各地新华书店
版　　次：2025年9月第1版第3次印刷
开　　本：870×1140　1/16　印张：7.75
字　　数：260千字
书　　号：ISBN 978-7-5184-3683-5　定价：49.80元
邮购电话：010-85119873
发行电话：010-85119832　010-85119912
网　　址：http://www.chlip.com.cn
Email：club@chlip.com.cn

251476J1C103ZBW

序言

2021年7月，国家教材委员会印发《习近平新时代中国特色社会主义思想进课程教材指南》通知明确提出：课程教材集中体现党和国家意志，是育人的载体，直接关系到人才培养方向和质量。大学阶段的教育重在形成理论思维，实现从学理认知到信念生成的转化，增强使命担当，引导学生深入地理解习近平新时代中国特色社会主义思想的理论体系、内在逻辑、精神实质和重大意义，增强建设社会主义现代化强国和实现中华民族伟大复兴中国梦的使命感。高等院校教材要系统阐释习近平文化思想，展示文化自信是一个国家、一个民族发展中更基本，更深层，更持久的力量，要深刻把握中国特色社会主义道路的历史逻辑，推动中华优秀传统文化的创造性转化和创新性发展。

截止到2021年，我国各类高校2738所，其中本科院校1270所，高职（专科）院校1468所，半数以上开设“设计学类”专业，在学总人数已逾百万，培养规模居世界之首。设计人才已成为深度参与产业升级、塑造文化自信、建设美丽中国的重要力量，此类教材的编写显得尤为重要。2019年11月，中国轻工业出版社与山东工艺美术学院共同举办“全国高等院校‘新时代’设计学类本科教学改革与一流课程建设”系列学术活动。其间，中国轻工业出版社王磊光总经理、李颖总编辑一行访问山东工艺美术学院，向我介绍该社正在规划的高等院校设计学系列教材，并邀我担任总主编。由此，我开始思考此套教材的时代背景、学科专业建设需求和总体编写思路。在我看来，这套教材应立足全员育人宗旨，立足“专业+思政”，在遵循设计类学科专业人才培养规律的基础上，应突出强调以下几个方面。

一、突出协同育人效应，专业教材与课程思政有机融合

目前，大学教师中80%是各类专业课师资，而专职思政课教师仅占20%，大学教育如何解决“为谁培养人、培养什么人、怎样培养人”的问题，很大程度上要充分发挥专业课阵地作用，因而设计类教材编写，必须坚持“思政+设计”育人导向，应明确中国站位、突出中国案例、体现中国智慧、展示中国力量、叙述中国成就，充分体现其“课程思政”主战场、主阵地、主渠道作用；激发学生的专业自信心与民族自豪感；树立设计服务民生、设计服务区域经济发展、设计服务国家重大战略的立足点和价值观；培养“知中国、爱中国、堪当民族复兴大任”的新时代设计人才。

二、立足新文科、新工科建设要求，服务设计学科发展和完善

设计学科与新文科、新工科发展密切相关，设计类教材建设需基于新时代新文科、新工科建设要求，服务中国经济转型、乡村振兴，探索设计学一级学科与社会学、经济学、民俗学等学科的关系，强调学科的实用性、交叉性与综合性，具备以产业需求为导向的前瞻性，以学科交叉为主体的融合性，以实践创新的全面性，服务新技术、新产业、新业态和新模式为特征的人才培养需要。设计学科发展需依托科学技术，服务国计民生，推动经济发展，因此本套系列教材体现新时代设计专业教育的新站位、新要求、新精神，阐释中国设计学的学科体系、学术体系、话语体系和应用服务体系。

三、一流教材与一流课程有效衔接，服务国家“双万计划”

2019年，教育部正式启动“一流本科专业建设点”评定工作，计划三年建设10000个左右国家级一流本科专业点，其中设计学类专业474个，与之相匹配，教育部同步实施了10000门左右的国家级“一流课程”的建设工作。“一流课程”需要一流教材支撑，教材建设作为课程建设的重要组成部分，发挥着搭建教学团队、引领教学理念、固化教学成果、丰富教学资源的重要作用，是一个长期积累、持续改进、厚积薄发的过程。本套教材编写对标“一流课程”，支撑“一流专业”，构建一流师资团队，形成一流课程资源，服务国家“双万计划”。

四、立足文化自信，融入中华传统造物思想观念

“文化自信是一个国家、一个民族发展中更基本、更深沉、更持久的力量”，2017年，国家制定《关于实施中华优秀传统文化传承发展工程的意见》，提出“推动中华优秀传统文化创造性转化、创新性发展”，中华造物思想体现了自然、人文、社会与政治生态观念，在网络时代和国际化大趋势下，中华传统造物体系是世界文化生态的一环，是生产生活的活态文脉，是民族文化的标志。设计学科承担着对中华优秀传统文化创造性转化、创新性发展的重要责任。设计类教材的编撰工作，特别是在相关案例的选择上，更应充分体现中华传统造物体系，让学生在教材中感知中华造物传统与生活方式，汲取传统造物智慧。

这套教材涵盖产品设计、视觉传达设计、环境设计、风景园林、包装工程等设计类专业的主干课程，理论与实践各有所侧重，以“知识阐述”和“项目训练”为模块，并配备丰富的立体化教材资源，强化教学互动，启发学生的创新思维，提升其专业实践能力。作者多为高校一线教师，具有丰富的教学与设计实践经验，相信本套教材定会对设计专业的学习者明确专业方向、构建专业知识、树立价值观念、提升专业技能大有裨益，成为他们设计学习之路上的津梁舟楫。

潘鲁生

辛丑年孟冬于泉城

课时安排

建议课时：64

课时安排表

章节	课程内容	课时	
第一章 产品设计概论（6课时）	第一节　产品设计相关概念	3	6
	第二节　程序与方法对产品设计的作用	3	
第二章 产品设计的流程与组织（28课时）	第一节　寻找设计机会	3	28
	第二节　产品设计规划	3	
	第三节　设计调研	4	
	第四节　设计定位	4	
	第五节　设计概念的生成和表达	6	
	第六节　产品原型实现	4	
	第七节　产品设计评价	4	
第三章 产品设计方法（20课时）	第一节　发明问题解决理论——TRIZ	5	20
	第二节　仿生联想法	5	
	第三节　情境故事法	5	
	第四节　属性列举法	5	
第四章 案例赏析（10课时）	第一节　医疗类产品案例赏析	2	10
	第二节　家居类产品案例赏析	2	
	第三节　家用电器类产品案例赏析	2	
	第四节　文化创意类产品案例赏析	2	
	第五节　机械设备类产品案例赏析	2	

前言

习近平总书记在党的二十大报告中指出："必须坚持科技是第一生产力、人才是第一资源、创新是第一动力。""加快实施创新驱动发展战略，加快实现高水平科技自立自强。"创新驱动对我国形成国际竞争新优势、加快实现由低成本优势向创新优势的转换，提高我国经济增长的质量和效益、加快转变经济发展方式具有现实意义。

"产品设计程序与方法"是产品设计专业必修课程之一，掌握设计的完整流程和步骤以及运用正确的设计方法是设计师必备的专业技能。本书从设计的基本概念到具体的设计流程与组织，再到设计的基本方法以及案例分析，阐述了完整的产品设计过程。

本书围绕产品设计过程的关键问题对各个知识点进行深入浅出的阐述，以企业经典案例、设计流程图以及学生作品结合文字进行详细讲解，引导读者逐步掌握产品设计程序与方法的核心内容，并激发读者充分发挥个人的智慧和创造力，应用感性思维与理性思维交替发展的思维模式进行设计调查与分析，并最终完成产品的开发设计过程。本书的编写与党的二十大报告中提出的"坚持创新在我国现代化建设全局中的核心地位"相吻合，为国家培养高标准的创新型人才，推动经济结构优化升级，增加国家经济的竞争力和可持续发展能力提供了理论基础。

本书共分为四章：

第一章产品设计概论，主要介绍了产品设计的起源与发展，并详细讲述了产品设计与政治、经济、文化和社会之间的关系，以及创新的重要意义，阐述了设计师应具备的专业素质，最后讲述了产品设计程序与方法的作用。

第二章产品设计的流程与组织，结合实际应用案例介绍了产品设计开发中采用的流程，设计者应先寻找设计机会，对产品进行设计规划，之后进行设计调研，从而确定设计定位，将设计概念表达出来，制作产品原型，最终对项目进行设计评价。

第三章产品设计方法，介绍了产品设计中常用的设计方法：TRIZ理论、仿生联想法、情境故事法和属性列举法，并结合具体案例详细介绍了每一种方法的应用过程。

第四章案例赏析，选择医疗、家居、电器、文化创意、机械设备这5类产品设计进行介绍，对每类产品讲解其设计时应注意的事项，并且列举了相应的企业实际案例和学生作品。

本书作者苏珂是齐鲁工业大学艺术设计学院教授，是齐鲁工业大学山东省科学院自动化研究所博士后研究人员。本教材得到齐鲁工业大学教材建设资金资助。参与本书各章材料搜集和内容整理的研究生有：李大帅、王煜、马浩、王瑛雯、臧荣荣、梁腾腾。感谢西安中科微光影像技术有限公司、深圳市中科微光医疗器械技术有限公司、杭州瑞德设计股份有限公司、宁波方太厨具有限公司、海尔集团、深圳创新设计研究院有限公司、北京洛可可科技有限公司、西安铂力特增材技术股份有限公司为本书提供的优秀企业案例。在此也向为本书出版做出贡献的专家及学者表示衷心的感谢！

编著者

2022年1月于泉城

目录

第一章　产品设计概论

PPT课件

本章导读

21世纪是由中国制造转变为中国创造的世纪，在这一进程中，产品设计将起到关键的作用，跨学科发展已成为产品设计专业发展的必然趋势。随着中国经济日益国际化，设计教育也必须面向国际化竞争，培养具有国际化视野的设计人才。作为一名未来的设计师，首先应该了解和掌握产品设计的发展历程，提升设计师应具备的综合素质，了解产品设计的重要性以及如何去做产品设计。

第一节　产品设计相关概念

一、产品设计的诞生与发展

产品设计的理论与实践是经过产业革命实现产品工业化大生产以后的产物。当成本高昂的传统设计或工艺美术设计无法满足生产力的发展及商品经济激烈竞争的需要时，不得不寻找一种更加适应现代的、机械的、工程的、成本低廉而具有巨大生产力的设计，产品设计应运而生。在产品设计诞生的过程中，具有影响力的人物之一就是被誉为德国现代设计之父的彼得・贝伦斯（图1-1）。他将工业设计规格化，创立了批量生产产品的方法，这些方法极大地提高了产量并节约了成本和资源。贝伦斯设计了诸如电风扇（图1-2）、电热水壶（图1-3）等大量日常生活用品，开启了现代生产工业化的新时代。

图1-1　德国现代设计之父——彼得・贝伦斯

图1-2　电风扇（彼得・贝伦斯）

图1-3　电热水壶（彼得・贝伦斯）

政治、经济、文化及科学技术水平一直影响着产品设计的发展。新材料的发现、新工艺的采用以及不同时代、不同艺术风格乃至人们的审美取向与爱好也对产品设计的发展有所影响。从20世纪初期，德意志工业联盟对于标准化、批量化生产方式的探索，到20年代包豪斯设计学校现代设计教育体系的确立，又经过了50年代功能主义和国际主义风格的流行阶段，再到60年代的波普设计及80年代的后现代设计，如今，产品设计正以一种多元化的态势蓬勃发展。德意志工业联盟的代表作品除了上述贝伦斯设计的电风扇和电热水壶外，还有他于1910年设计的时钟（图1-4）。这款时钟的外形已经极具现代设计感，鲜明的数字指针，完整的外形在当时的产品市场上都要比同类产品更具实用性。这也再次体现了德意志制造联盟的主旨：外貌的简洁和实用的功能性。包豪斯设计学校（图1-5）是世界上第一所完全为发展现代设计教育而建立的学校，它的宗旨和授课方向是使艺术和手工艺与工业社会需求相统一，对世界现代设计的发展产生了深远影响；1958年，米斯·凡德罗与意大利设计师吉奥·庞蒂合作，在纽约设计了西格莱姆大厦（图1-6），这栋建筑成为国际主义风格在建筑上的典范；在20世纪60年代的波普艺术中，美国画家安迪·沃霍尔的作品，作为对美国充满商业气息社会的善意讽刺，是最令人发笑的。他采取照相版丝网漏印技术，让画面像一张刚从印刷厂取来的未完成的样张一般，这一幅《玛丽莲·梦露》（图1-7）是最典型的代表作；后现代主义设计界最具影响力的设计组织是孟菲斯集团，他们反对一切固有观念，表现出极富个性的天真、情趣、滑稽和离奇等特质，如代表作品卡尔顿书架（图1-8）。

在20世纪80年代以后，随着计算机技术和互联网的普及，产品设计的发展呈现出与以往时代不同的特点，这些特

图1-4 时钟（彼得·贝伦斯）

图1-5 包豪斯设计学校

图1-6 西格莱姆大厦

图1-7 波普风格《玛丽莲·梦露》

图1-8　卡尔顿书架

图1-9　“大哥大”手机

图1-10　当今时代的手机

点可归纳为以下几个方面：

第一，对设计问题的关注由“物”的研究转向对“人”的研究。20世纪八九十年代，微电子技术获得长足发展，芯片开启了全新的领域，打破了以往产品形式由于技术的限制而不得不服从功能要求的局面。技术的进步给产品形态设计带来了更大的自由空间。由此，设计观念开始由一元化向多元化转变。例如手机的设计，最早的手机“大哥大”，机身硕大，天线外露，随着技术不断进步，手机体积不断变小，天线也隐藏了，材质和色彩有了更多变化（图1-9，图1-10）。

第二，设计的重点开始由硬件设计转向软件设计，交互设计和界面设计成为设计的重要领域。

这是因为进入信息时代以来，不管是“功能”还是“形式”，都经历了从物质性到非物质性的过程。更重要的是，现代设计的重心已不仅是有形的物质产品，而是越来越重视产品信息及意义的呈现，以创造信息价值。例如这一款面向技术爱好者的全新智能家居App界面设计（图1-11），设计师采用一张家庭全景图来呈现家的概念，提供了直观的设计操作控件，你只要简单地滑动滑块，就可以控制灯光的亮度，在界面上用户就可以直观感受灯光的变化。

第三，个人计算机的应用普及对设计行业的思维方式和工作方式产生了巨大影响。电脑的应用极大地改变了产品设计的技术手段，改变了产品设计的程序与方法，与此相适应，设计师的工作观念和思维方式也有了很大转变。现阶段常用的设计软件有Photoshop、CorelDRAW、3dMax、Rhino、AutoCAD等。Photoshop、CorelDRAW适合操作面板设计表现，还可以在三视图的基础上表现产品各个投影面的真实情况（图1-12）；Rhino因其三维建模功能强大、界面简洁、操作简便、上手容易、能够自由地表现设计概念等特点，被广大产品设计师所推崇（图1-13）；3dMax用于表现产品的三维立体形态和表面质感，适用于产品宣传和决策。

二、产品设计对社会经济的影响

产品设计是一种推动社会经济发展的创新活动，尤其在开展集成创新和引进消化型创新活动中具有不可替代的作用。产品设计的社会作用可以归结为以下四个方面。

1. 产品设计就是竞争力

重视产品设计是各国的共识。无论是发达国家还是新兴工业化国家，都把产品设计作为国家创新战略的重要组成部分。分析日本和韩国的工业振兴历程，不难发现产品设计在其中发挥的巨大作用，可以说，正是对产品设计技术的高度重视和推广普及，为日本和韩国的产品赢得了广泛的声誉，促使其产品迅速占领国际市场。

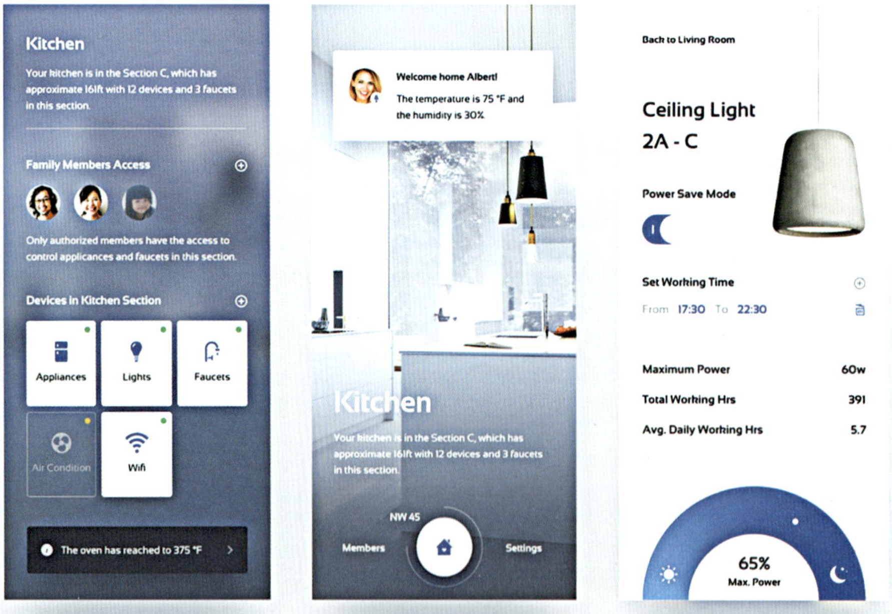

图1-11 全新智能家居App界面设计

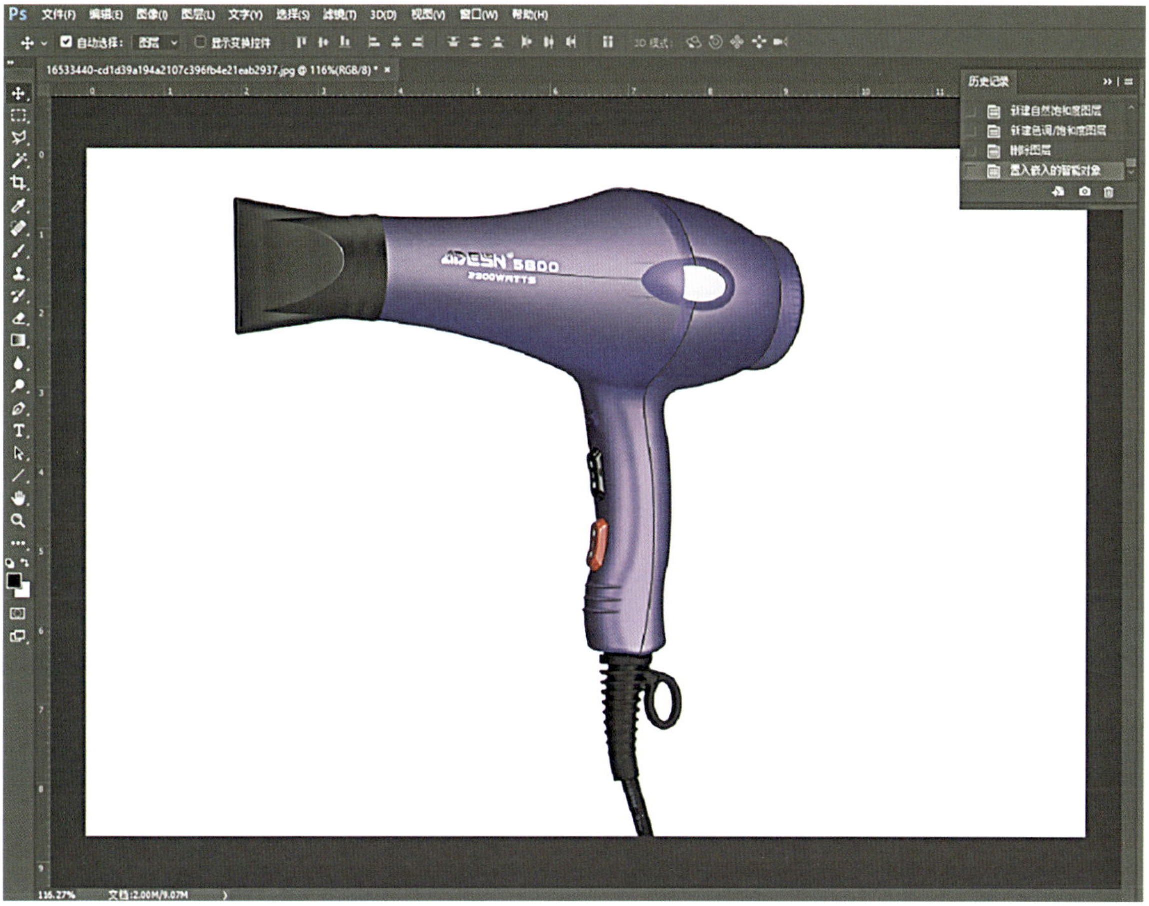

图1-12　利用Photoshop制作的吹风机效果图

图1-13　利用Rhino和KeyShot制作的汽车模型效果图

2. 产品设计是科研与市场的桥梁和纽带

任何先进技术和科研成果，要转化为生产力，都必须通过设计。只有把科研成果物化为消费者乐意接受的商品，才能进入市场，并依靠销售获得经济效益，最大限度地实现科技成果的价值。发达国家的产品设计发展史表明，当人均GDP达到1000美元时，设计在经济运行中的价值就开始被关注，当人均GDP达到2000美元以上时，设计将成为经济发展的重要主导因素之一。因此，产品设计水平将极大地影响高新技术产业的发展水平。

3. 产品设计是提高产品附加值，增加经济效益的重要途径

产品设计是提高产品附加值的有效手段之一。以欧美、日本产品为主，出口产品的利润可以达到20%左右。以韩国、中国内地生产的常规产品为主，这类产品的利润可以达到8%~12%。以印度和中国家庭作坊式企业产品为主，这类产品的利润仅为3%~4%。实际上，任何市场的需求层次都存在差异，产品要获得高附加值，企业可以针对不同层次的市场投放不同市场定位的产品，加大产品线深度，重视产品价值才能增加经济效益。

4. 产品设计是创造企业品牌和提升企业形象的重要手段

品牌的形成首先是产品个性化的结果，而设计则是创造这种个性化的先决条件。华为始终坚持战略聚焦，厚积薄发，2016年实现销售收入人民币5215.74亿元，同比增长32%。2017年，华为实现全年销售收入人民币6036.21亿元，同比增长15.7%。像华为这种有前瞻眼光的企业已经意识到了产品设计在提升企业形象中的重要作用，这些企业通过开发自身的品牌而逐步成长壮大为国际性的大企业。

三、设计师的专业素质

1. 观察了解产品的广度与深度

作为设计师最重要的是多看、勤思考，坚持工作在企业第一线，不断提高个人的实践能力。同时，要不断提升审美能力，提高思想情操。行万里路，体验不同的文化和风俗习惯、风土人情。充分利用好互联网，获取海量设计资源。如图1-14所示是一些设计师们经常关注的优秀设计网站。

2. 发现问题和解决问题的能力

产品设计的过程就是一个发现问题和解决问题的过程。一个新的设计概念提出以后，设计师首先要确定这个概念的内容是什么，也就是要发现问题，再提出这个问题为什么是这样而不是那样，提出问题的目的是探索解决问题的各种途径，最后才是怎么办，也就是选择正确的方法来解决问题。如我们常用的耳机都是戴在头上的，可有人发现戴在头上有时候会破坏发型，而且戴的时间长了会感觉很热，于是发现并解决了这个问题——设计了直接挂在脖子上或耳朵上的耳机（图1-15）。

3. 具有创新意识

创新意识也是工业设计师应该具备的基本素质，需要注意的是创新并不意味着盲目的标新立异，创新必须以需求为前提，并且应该建立在科学合理的基础之上。美的集团是一个典型的例子，

图1-14 优秀设计网站

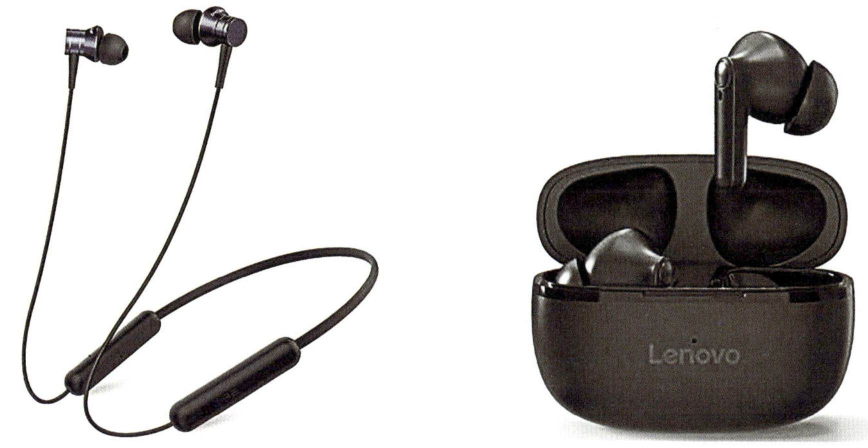

图1-15 项圈耳机、无线耳机

图1-16 美的无风感空调（源自航空涡轮对旋技术）

仅过去五年，美的集团研发累计投入近300亿元，仅2018年就达到了100亿元，成为中国首家研发投入超过百亿的家电企业。近年来，美的集团通过大量借鉴不同行业的创新技术，通过将各类跨界技术引入产品设计和工艺制造中来提升产品的性能。比如为了让空调、净化器和风扇的送风更精确，美的集团研发人员从航空涡轮中获得灵感，把空气动力的对旋技术应用到所有和空气动力相关的产品中（图1-16）。

4. 团结合作的团队精神

一个产品从市场调研、设计定位、外观设计、结构设计，直到最后生产出来是一个十分复杂的过程，在这一过程中必然会遇到诸多问题，解决这些纷繁问题光靠产品设计师是不行的，必须由企业中各部门、各专业的技术人员组成设计小组才能够完成。产品设计师必须站在全局的观点考虑问题，与技术、市场、管理等多方面人员组成的设计小组成员团队合作，这样才能使产品设计达到预期的要求。

第二节 程序与方法对产品设计的作用

一、产品设计程序与方法的概念

随着现代科技的日益发展，产品开发过程越来越成为一种由多部门参与、多学科交叉的活动。产品设计作为产品开发过程中的一个环节，需要团队协作，仅凭单个设计师“拍脑袋式”的设计是不能完成日益复杂的设计开发任务的。在产品开发流程的不同阶段，要求设计人员掌握不同的设计方法和技巧。因此，设计是一项系统工程，要想设计出品质优良的产品，一定要掌握好设计程序和设计方法，并能灵活变通地使用。

在产品设计的生产实践中，设计任务往往需要经过许多步骤和阶段来完成，这些步骤或阶段，就称为设计程序。设计程序是设计方法的架构，是为了有针对性地解决各个设计阶段的主要设计问题而制定的步骤和措施，而每一步骤的设定，也必然根据所要解决的主要问题来决定。程序，一般指开展某项工作或实施某项工程的步骤和阶段，产品设计中的一般程序（图1-17）指导产品的设计与开发；设计方法，简言之就是解决设计问题的举措，一般包括计划、调查、分析、构思、表达、评价等各个阶段所应用的具体方法，如问卷调查法、5W2H分析法、SWOT分析法、经验评价法等。

二、产品设计程序与方法的作用和意义

1. 协调设计团队，指导设计开发实践，使设计科学化、规范化

如前所述，在当今科技飞速发展，行业交叉异常深入的时代，产品开发是一项由诸多环节组成的系统工程。一般来说，由一个设计师独立完成复杂设计流程中的每项具体任务是不现实的，尤其在企业开发新产品的过程中，往往需要包括设计师、工艺和电气工程师以及相关领域专家在内，具有各种专业背景的人员所组成的团队进行协同合作。在这样的团队合作中，根据具体情况预先制定相应的设计程序和方法有着重要意义。在团队合作中，分工合作是最主要的特征，只有采取分工合作的方式才能保证产品开发的每一个环节都由最合适的人员来完成，这是关系产品开发成败的关键所在。在设计中如何恰当地安排计划，使用有针对性的解决方案、执行程序和工作方法，让复杂的设计过程得以顺利进行，是产品设计程序与方法的重要内容。产品设计程序与方法就是在长期的实

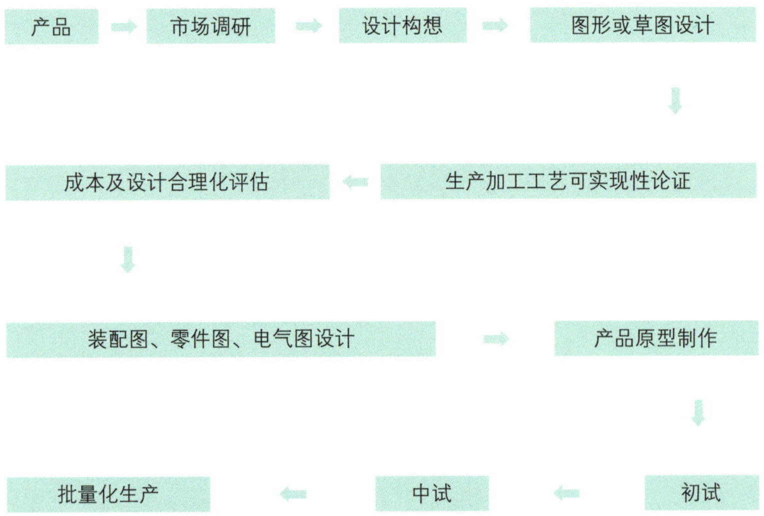

图1-17 产品设计程序

践中逐步积累起来的一整套行之有效的设计开发流程和规范，它也是企业设计管理的主要内容之一。通过这些程序和方法可以使看似千头万绪的产品开发过程变得脉络清晰，有章可循。这有利于协调设计内部人员之间、设计部门与其他部门之间的关系，合理分配人力、物力、财力资源，能够指导设计人员在开发过程中将产品的整个生命周期从产品投放市场到报废处理的所有因素加以综合考虑，并充分利用企业内的一切资源，以保证产品开发顺利进行。

2. 整合不同领域知识，在实际的设计环境下检验和完善设计程序和方法

产品设计中的程序与方法不应是设计理论家们坐在书斋里冥思苦想出来的空洞理论，而应是对长期实践过程中逐渐积累起来的具体设计程序和方法的总结及概括。这些方法和程序整合了不同学科的知识，凝聚了不同领域专家的智慧结晶。例如，可拓学理论是融合了数学、系统论、信息论、控制论等不同领域知识的交叉性理论，该研究从1976年开始，目前，已形成初步的理论框架，但它依然在不断地发展之中，在实际环境的检验下不断修正和完善，目前主要运用在人工智能、计算机、管理、控制、检测等领域。正如前面所言，现代企业内的产品开发问题变得日益复杂，在产品开发中不存在两个完全相同的设计问题。产品设计的程序与方法作为指导设计实践的一般原理和基本方法，它不可能对设计开发中的诸多具体而细微的问题做出解答。这就要求我们在运用设计程序与方法指导设计实践时必须考虑到我国的国情和企业的实际，在具体的设计环境中检验和论证设计程序和方法的合理性、有效性，并不断地在实践的基础上对其加以充实和完善。

本章小结

本章简要介绍了产品设计的起源与发展，讲述了产品设计与政治、经济、文化和社会之间的关系以及产生的重要意义，并介绍了设计师应具备的专业素质，最后讲述产品设计程序与方法的概念、作用和意义。

课后练习与思考

练习题：简述程序与方法对产品设计的作用。
思考题：产品设计对现代社会产生了哪些划时代的影响？

第二章　产品设计的流程与组织

PPT课件

本章导读

在市场竞争日益激烈的环境下，越来越多的企业已经意识到拥有核心产品是企业立于不败之地的关键。鉴于此，很多企业都设立了专门的产品设计团队，研究产品的设计流程。但很多设计者对于流程的把握并不全面，有时候很容易忽略重要的设计环节。设计师掌握整个流程与组织有利于使产品设计达到效率最大化、品质最优化，并最终将产品成功推向市场，为大众服务。本章详细介绍了产品设计的流程，以设计为引领的设计制造一体化是未来设计的发展趋势。

第一节　寻找设计机会

一、设计机会探索

在产品开发的环境下，机会是指关于开发新产品被市场认可的程度所产生的想法，它可以是一个产品最初的描述、一种新的需求、一种新发现的技术，或者是一个初步需求与可能解决方案的联系。在开发的初期，由于对未来情况不确定，机会可以看作是一种尽可能创造价值的假设。有的机会最终可以变为新产品，而有的机会无法保证进行进一步开发。机会和手段有必然联系，因此发现机会后就要采用先进的技术开发新产品，获得市场认可。

随着生活节奏的加快，各行各业的人们因为工作繁忙、时间紧迫，来不及到实体店享用一顿丰盛的午餐或者晚餐，外卖成了很多人的首要选择。美团外卖是国内知名的网上订餐平台，随着外卖需求不断增多，迫切需要解决外卖配送现存的诸多问题，比如送货人员的交通安全以及极端恶劣天气送餐无法保证时效等情况。基于此，洛可可设计团队与美团外卖平台携手打造了这款无人驾驶配送车“小袋”，如图2-1所示。该配送车前后屏用于与使用者的交流互动以及广告内容投放，左右屏用于示宽灯展示。搭载激光雷达、摄像头、超声波雷达、GPS、IMU等各类传感器的“小袋”，可以应对各种道路上常见的场景；感知、定位和决策规划通过成熟的系统和算法实现。“小袋”能够自主规划路径，避让行人、非机动车和机动车等障碍物，在路上安全行驶。同时为保证餐品的温度，该设计团队为这款无人外卖配送车特别设计了保温内置仓，分离的内置仓一方面提高了餐品取放的效率；另一方面便于工作人员清洁消毒，确保配送食品的安全性。

1. 机会类型

机会的分类方式有很多种，其中卡尔·T·乌利齐（Karl T. Ulrich）在《产品设计与开发》中提出的二维分类法比较实用，该方法参考的一个维度是从解决方案（如：方法、流程、技术等）入手，并将其分为“已采用的方案”“未采用的已有方案”和“新方案”这三个层次；而另一个维度是从需求（如：用户、市场）入手，并将其分为“以服务的需求”“未服务的已有需求”和“新需求”这三个层次。将这两个维度上的六个层次两两对应相连，从而划分出三个层次的机会：第一层次机会表示市场发展快、扩大快、变化快且已有产品降价快，这是相对低风险的机会；第二层次机会倾向于探索市场、技术或两方面均鲜为人知的领域；第三层次机会代表尝试开拓一些世界领先的方法，有较大的不确定性（图2-2）。

由于失败的风险会随着机会相对于团队熟知信息的偏离而增加，因此，依据团队面临的不确定性层次，我们可以把

图2-1 美团外卖无人配送餐机器人（配送车“小袋”）

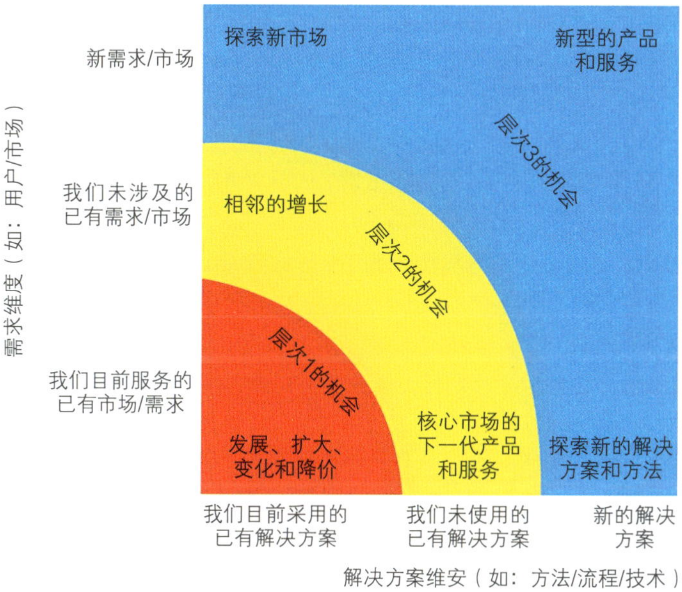

图2-2 机会的类型（层次1、2和3代表风险级别的增加，反映不同类型的不确定性）

（图片来源：Terwiesch, Christian, and Karl T.Ulrich, Innovation Tournaments: Creating and Identifying Exceptional Opportunities, Harvard Business Press, Boston, 2009.）

机会分成不同的区域。层次1：机会表示市场发展快、扩大快、变化快且已有产品降价快，这是相对低风险的机会；层次2：机会推向市场、技术或两方面均鲜为人知的领域；层次3：机会代表尝试开拓一些世界领先的方法，有较大的不确定性。

2. 机会挖掘与探索

调查数据显示，在不同行业的公司中，一半的创新机会来自企业内部，而另一半则从顾客及其他外部资源中识别。机会的来源分布如图2-3所示。

由此可见，内部挖掘是机会来源的一个重要方向，因此我们提倡团队在挖掘机会时不仅仅关注外部的资源，同时要考虑到机会的内部来源。

3. 挖掘机会的方法

大多数人在挖掘可行机会方案时都会觉得很困难，原因是提出新想法的过程抽象且自由度较高。以下是四种能够激发机会识别的基本方法，以供读者参考。

（1）保持兴趣爱好。一个人的兴趣爱好是激励其无穷探索的源泉，是其保持热情的动力，是其走向成功的引路灯。很多科学家的发明创造都是因为保持着强烈的兴趣爱好，如爱因斯坦、陈景润、马斯克等。

（2）编写错误列表。成功的创新者通常会对他们周围的事物感到不满。他们会经常发现人们（包括他们自己）一

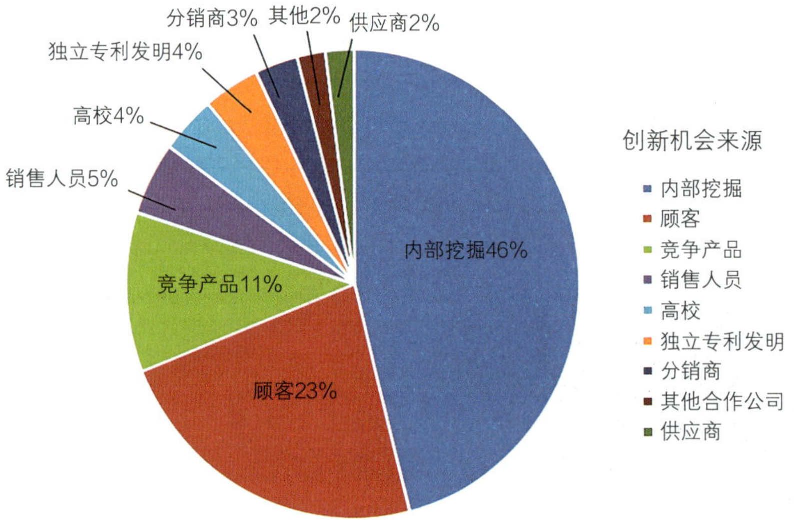

图2-3 创新机会来源的分布图

（图片来源：Christian Terwiesch, Karl, T. Ulrich, “Innovation Tournaments: Creating and Selecting Exceptional Opportunities”, Harvard Business School 2009.）

图2-4 Guard多功能水杯

些未满足的需求，并且随手记录相关情况，然后从中挑出最普遍的问题，并努力想出相应的解决方案。将自己置身于使用产品或服务的人群中，设身处地为他人着想。

Guard多功能水杯（图2-4）就是为野外活动人员解决饮水问题开发的水杯，该产品特别添加两种功能：挤压过滤和养生使用，可以有效过滤掉户外水源的杂质、重金属、悬浮物、泥沙。

（3）细分用户群体。用户细分的方法有很多，常见的方法包括：

①根据用户的外在属性分类。例如，按物业项目的类型（如住宅、写字楼、商业等）划分、按客户的地域分布划分、按客户的组织归属划分（如企业用户、个人用户、政府用户）等。

②根据用户的内在属性分类。例如性别、年龄、籍贯、信仰、爱好、收入水平、家庭成员数、价值取向等。

③根据用户的消费行为分类。例如客户的消费场所、消费时间、消费频率、消费金额等。细分用户可以得到不同用户群的特殊需求，以便快速找到产品创新的切入点。

（4）关注外部资源。产品开发过程中创新的机会一半来自组织内部，另一半来自外部资源。因此，我们可以从培育外部资源中获益，这些资源包括：

①领先用户：是指那些对现有产品及服务不能满足其更高需求的人或群体。聆听这些用户的声音，研究他们的需求，有利于在新产品开发过程中获取机会。

②社交网络：提高创新机会感知灵敏度的方法是熟悉一些适当的社交网络，各种类型的社交机构有助于发明者的交流和沟通。

③大学和政府研究机构：学生、研究人员及专家们会不断探索新的解决方案来解决一些现存的问题。大学和政府研究机构会将技术授权给相应的企业，以促进后续开发流程。

二、设计机会识别

1. 筛选机会

筛选工作的目标是排除那些基本上不可能开发成有价值成果的机会，并选出那些值得进一步研究的机会。筛选的目的并不是挑出唯一的最好机会，而是通过筛选挑选出更接近我们工作目标的机会。

筛选机会主要运用的方法为KJ法，它由日本学者川喜田二郎提出。这是一种将未知的问题、未曾接触过的领域内一些问题的相关事实、意见或设想之类的语言文字资料收集起来，并利用其内在的相互关系制成归类合并图，以便从复杂的现象中整理出思路，抓住实质，找出解决问题的途径的一种方法。该方法有利于打破现状，进行创造性思维，从而采取协同行动，求得问题的解决。

2. 机会前景分析

有太多的不确定因素会阻碍成功。因此，在对机会进行初步筛选之后，研发团队需要投入适当的资源来论证机会的可行性。列出影响每个机会方案成功的主要不确定因素，完成诸如顾客拜访、已有产品测试、概念生成、早期产品原型样机以及市场规模和增长速度的预测等工作，完成机会的前景分析。

3. 最佳机会筛选

通过机会前景分析，开发新产品的不确定因素会减少，最终要在这些方案中选出最佳的机会方案，保证产品能够成功投入市场并被市场所接受。

企业在筛选最佳机会时需要考虑的三方面问题。

（1）这个机会是否真实可行？所开发的产品真的有相应的市场吗？其衡量准则是否包括市场规模、定价、技术可行性等。

（2）能够从这个机会中持续盈利吗？能够从这个机会中建立持续的竞争优势吗？这个想法是否能变成专利或一个品牌呢？相比其他竞争者来说，是否能真正利用好这个机会呢？比如，是否在该领域拥有先进的工程人才？

（3）这个机会在资金投入上是否值得开发？是否有足够的资源（资金上的以及开发流程上的）？以及这些投资是否有合适的回报？

第二节 产品设计规划

一、产品设计规划的概念、目的及作用

1. 产品设计规划的概念

产品设计规划（Product Design Planning）就是结合研发部门的内部、外部环境对与产品设计相关的各个环节进行全面研究。设计规划的内涵可以概括为在进行产品设计之前围绕该产品规划其设计环境、设计思想、设计目标、设计内容、设计方法、设计过程、设计的潜在问题分析和设计质量评价等要素，形成机械产品设计规划报表用于指导实际设计，确保设计工作高效、高质量地被完成。

2. 产品设计规划的目的

产品设计规划在产品设计开发中的地位举足轻重，产品设计规划的目的如下：

（1）制定产品项目的整体开发时间和阶段任务时间计划。虽然设计是可以不断深化、不断发展的，但一个实际的设计项目最终的目的是获得市场占有率，获得经济利益，所以产品设计开发需要在一定时期内完成任务，以保证产品及时推向市场。产品设计开发是有时效、有阶段性的过程，每个阶段都有其要完成的要求，每项工作和任务一环扣一环，每个步骤都会影响最后产品的结果。因此，合理、全局地确定产品的整体开发时间对于产品开发起到宏观把控的作用，而制定相应的阶段任务时间计划，可以把工作和任务细分，从而更有利于实践的可操作性，并且可以根据情况随时对阶段时间计划进行局部调整。

（2）确定各个部门和具体人员各自的工作及相互关系与合作要求，明确责任和义务。产品设计项目的开发涉及的部门和员工众多，每个部门和每个员工之间都应有确定的工作关系，明确具体的责任和义务，制定一系列的管理规定和工作标准，量化需要完成的工作任务，建立相应的奖惩制度，从而更有效地调动员工的工作积极性。产品设计项目的成功开发需要整个团队共同协作，相互配合、相互交接、相互沟通，使团队的力量实现最大化。

（3）结合企业长期战略，确定该项目具体产品的开发特性、目标、要求等内容。在这一项内容中包含大量与产品设计项目开发相关的要求，包括市场调研、产品名称、主要功能、产品风格、预期客户、产品级别与价位、产品运输与回收、产品售后服务、产品设计实施、组织产品生产等。在开发前期确定以上内容非常关键，它可以降低风险，提高产品的成功率。

产品设计规划的制订是从整体到局部，从抽象到具体，一层层地推进和细分，逐渐把工作目标和任务落实到具体的

产品特征和工作内容上。

3. 产品设计规划的作用

通过对产品设计进行系统规划，在进行设计工作之前科学地确定设计周期、成本、质量要求等战略要素；按企业的实际情况确定参与人员、所需要的软硬件资源等业务要素；分析设计中可能出现的问题，确定设计质量评价指标及检验方法。设计规划的作用至关重要，归纳为以下几点：

（1）有利于做到让顾客满意。顾客需求是设计的主要动力和源泉，设计的出发点和归宿点都必须以顾客满意为最高标准。设计规划发挥设计团队的集体智慧和力量，针对设计目标有计划、有组织地分析和思考，合理地组织力量进行科学决策，能够最大限度地满足顾客需求，让顾客满意。

（2）有利于资源优化组合。设计是一项有目的、有计划且与各学科、各部门互相协作的组织行为，设计工作的顺利开展需要各部门紧密配合、共同协作。而设计规划就是解决如何在各个层次整合协调设计所需的资源和活动，并对人员、物资、工具、信息进行优化组合，正确地引导资源的开发与利用，寻求最合适的解决方法，以达到企业的目标和创造出有效的产品。

（3）有利于开展优势设计。任何设计都会面临激烈的竞争，社会需要的是有竞争力的设计。设计规划有利于设计学的知识融合，对一系列设计资源和活动进行优化组合，开展优势设计，使设计具有竞争力。

（4）有利于企业发展战略规划。设计本身具有前瞻性，设计规划使得设计的前瞻性得到充分发挥和有效实施。良好的设计管理，通过高效的计划、组织、领导和控制等工作来协调人—机—物各种资源，从而对整个系统进行组织设计和规划调整，对设计目标进行有效控制。这样，企业就可以提高设计开发力，增强市场竞争力，从而有效地促进企业发展，有利于企业的发展战略。

从整个产品的开发流程来看，设计规划是产品开发过程中设计部分的规划工作，渗透在产品设计过程中的每部分，是对设计规划的执行、维护和调整，便于更好地提高产品开发设计工作的效率，使设计更符合企业的整体发展战略，更能协调好设计与其他部门的工作，体现整体资源优化组合，便于开展优势设计，同时更有利于满足动态的市场需求。

二、产品设计规划的一般过程

1. 产品设计与生产的一般流程

产品设计与生产规划流程是确保企业生产过程的管理、技术、生产质量等程序制度。因此，当设计师创新构想的产品经过经济师的市场情报分析，获得有创造价值的机会时，企业应组织开发团队制定产品设计、生产、规划流程，如图2-5所示。

现代企业将产品研发生产力视为企业生命能够保持活力的重要支柱，企业每年有大量资金投入到产品更新与研发中，企业总工程师负责的研发团队是新产品或新项目生产技术保证，也是每个产品生产任务各个工序的质量监督。因此，企业制定的设计与生产程序是集生产规划、工艺实施、产品质量的保证，是企业制度管理的重要环节之一。

虽然在图2-5中我们将产品规划流程表示为“顺序的”，但是选择项目和分配资源的过程实际上是“重叠的”，鉴于时间安排和预算的实际情况，经常需要重新确定优先级并对项目做进一步选择。因此，经常需要对产品规划进行重新评估并根据开发团队、研发部门和服务部门的最新信息对其进行修改。随时调整产品规划对成功来说是至关重要的。

制定产品规划和项目任务陈述包括5个步骤：

第一步，确认产品市场价值；

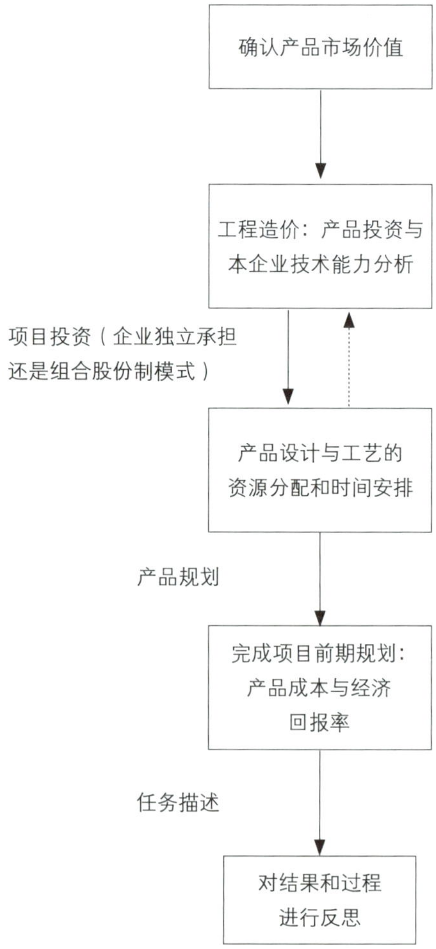

图2-5 产品设计与生产规划流程

第二步，工程造价：产品投资与本企业技术能力分析；

第三步，产品设计与工艺的资源分配和时间安排；

第四步，完成项目前期规划：产品成本与经济回报率；

第五步，对结果和过程进行反思。

2. 设计公司的产品设计流程实例

产品是企业的核心命脉，产品设计对企业的重要性不言而喻，如何把产品设计做好是每个企业都十分关心的问题。优秀的设计公司都有自己一套完善的产品设计流程，这也是对于项目按时、按质完成的基本保障。了解不同设计公司的产品设计流程，能够帮助我们理解设计规划在整个设计中的作用。接下来以国内和国外的两个设计公司为例，介绍设计流程。

洛可可创新设计集团认为，一个产品从立项到落地要历经几十个环节，从项目立项开始，对于项目启动、产品设计预研、产品外观设计启动、产品结构设计启动、CMF工作介入、结构手板制作、结构调整、模具及TO、模具调整、小批量试产及后续量产等过程，我们都应有一定的认知，方可更好地进行产品设计（图2-6）。

青蛙设计公司的全球化战略始于1982年，当年青蛙设计公司在美国加州坎贝尔（Campbell）设立了事务所。1986年又在日本东京设立事务所，开拓亚洲业务。青蛙美国事务所为许多高科技公司提供设计服务，在设计中特别重视机器与用户之间的关系。青蛙设计公司是苹果公司长期的合作伙伴，积极探索“对用户友好”的计算机，通过采用简洁的造型、微妙的色彩以及简化了的操作系统，取得了极大成功。1984年，青蛙设计公司为“苹果”设计的苹果II型计算机出现在《时代周刊》的封面，被誉为“年度最佳设计”。以后，青蛙设计公司几乎与美国所有重要的高科技公司都有成功的合作，其设计被广为展览、出版，成为荣获美国工业设计优秀奖品最多的设计公司之一。和其他类似公司相比，青蛙设计公司有更加丰富的经验，能洞察和预测新的技术、新的社会动向和新的商机。正因如此，青蛙设计能成功地诠释信息时代工业设计的意义。

青蛙公司的设计原则是跨越技术与美学的局限，以文化、激情和实用性来定义产品。如图2-7所示是青蛙设计公司的产品设计流程图。

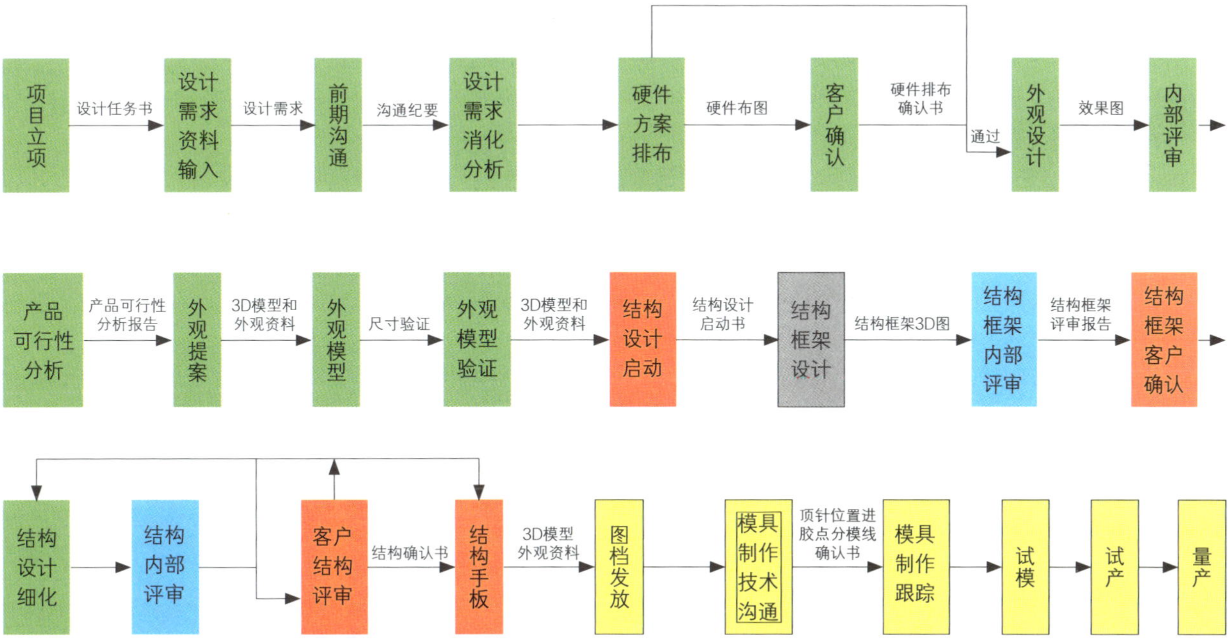

图2-6 洛可可设计公司产品设计流程图

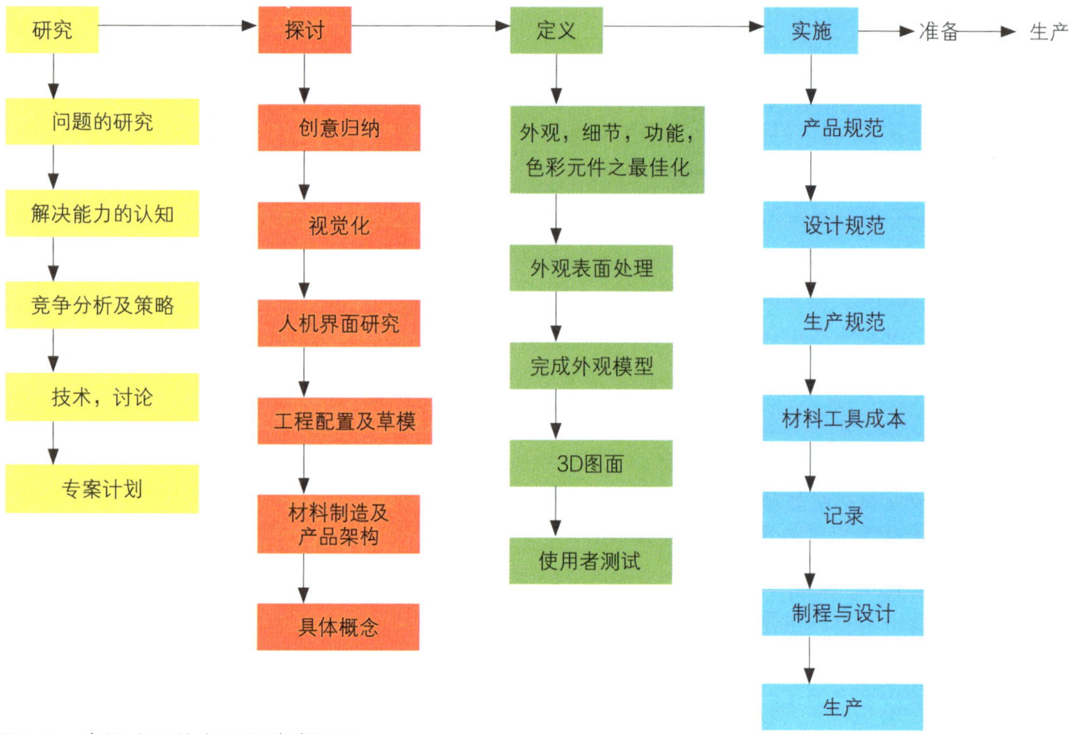

图2-7 青蛙公司的产品设计流程图

第三节 设计调研

一、产品调研

产品调研，就是指运用科学的方法收集、整理、分析产品和产品从生产制造到用户使用的过程中所发生的有关市场营销情况的资料，从而掌握市场的现状及其发展规律，为企业进行项目决策或为产品设计提供依据的信息管理活动。产品调研的根本目的在于，通过对市场中同类产品的相应信息的收集和研究，为即将开始的设计研发活动确定一个基准，并用这个基准作为指导本企业产品研发的重要依据。具体到产品开发设计过程，产品调研具有以下重要意义：第一，可以在设计开发初期迅速了解用户需求；第二，可以对本企业产品在市场的真实位置有一个正确、理性的认识；第三，可以在产品开发中吸收同类产品中的成功因素，提高本企业产品在未来市场中的竞争力；第四，可以在既定的成本、技术等条件下为本企业选择最佳的技术实现方案和零部件供应商。

1. 产品的历史

产品是一面反映时代变迁的镜子，不同时代有各自不同的流行产品。这些流行产品在演变为社会潮流的同时，也将时代与社会的面貌生动地表现出来。我们可以通过某个时代流行的产品看到那个时代的历史、文化与社会发展，这样的产品就是经典产品。经典产品不仅可以成为一个时代的标志性物品，甚至可以超越时代的界限、伴随几代人的成长，从而成为维系美好回忆的纽带。这样的经典产品不胜枚举，如意大利的维斯帕摩托车（图2-8），德国“大众”的甲壳虫汽车（图2-9），美国的可口可乐汽水瓶（图2-10）等。

对产品历史的调研，就是以设计项目所涉及的具体产品为调研对象，通过对那些虽历经时代变迁但至今仍畅销不衰的经典产品的调查和研究，从经典产品的发展历史中总结经验，用来指导新产品的设计与开发。

图2-8 意大利科拉迪诺·德阿斯卡尼奥（Corradino D'Ascanio）设计的维斯帕摩托车

图2-9 德国“大众”的甲壳虫汽车

图2-10 美国的可口可乐汽水瓶

对产品历史的调研可以从以下四个角度进行：

（1）基本需求角度。产品经过岁月考验，仍能通过增加附属功能的方式保持其在市场上的优势地位，这说明它在满足用户的基本需求方面有着其他产品所不能取代的优势。我们对产品历史的调研，就是要把该类产品中满足用户的基本需求的要素总结出来。

（2）制作工艺角度。通过对某类产品发展历史的调研，把该类产品从其诞生直至目前所用到的各种制作工艺进行梳理和分析。研究这些工艺在促使产品走向成功的过程中所起到的作用，并对该产品未来制作工艺的发展提出展望。

（3）设计角度。通过对某类产品发展历史的调研，从社会效益、对环境的影响、与人们生活方式提升的关系以及宜人性、使用性、审美价值、时代性等方面对产品中的设计因素进行回顾和总结。

（4）营销角度。产品与营销的关系十分密切。产品只有通过营销的手段为消费者所认可并购买，其被赋予的满足人们精神、物质需求的功能才能得以实现。我们通过对产品的发展历史的调研，把以往该类产品在满足特定市场需求，达到设定营销目标的方法、策略加以梳理和总结，并将其结果与现在市场调研的成果结合，一并运用到设计开发中去，使最终上市的商品符合市场需求，达到设定的营销目标。

2. 产品的相关技术

20世纪后半期兴起的以原子能、电子计算机、空间技术、微电子技术、纳米技术、互联网技术为特征的第三次工业革命，使得全世界范围内的发明创新呈指数级增长，这种科技发展的增量变化，标志着人类开始进入信息时代。可以断言，在未来的产品开发中，产品的科技成分将会显著增高，并将逐渐呈现出高知识密集、高技术密集和高性能、高难度、高变量等特点，从而带动第四次工业革命。工业设计作为科学技术商品化的载体，产品技术的进步对设计观念的变革和发展起着至关重要的推动作用。因此，作为设计师必须及时了解和掌握国内外科技发展的前沿动向，经常思考如何将新技术、新材料、新工艺应用于现有产品，在对产品进行调研时，必须对与产品相关的新技术、新材料、新工艺的发展状况进行研究，并进行技术预测。产品的相关技术主要包括产品的核心技术，产品构造及生产中的各种问题，新材料的开发与运用，先进制造技术，产品的表面处理工艺，废弃材料的回收和再利用等。如图2-11所示为手机面部识别技术。

3. 产品的设计现状

对开发中的产品设计现状进行调查，目的是从宏观上了解和把握开发中的产品在设计方面的相关信息，为设计师分

图2-11 手机面部识别技术

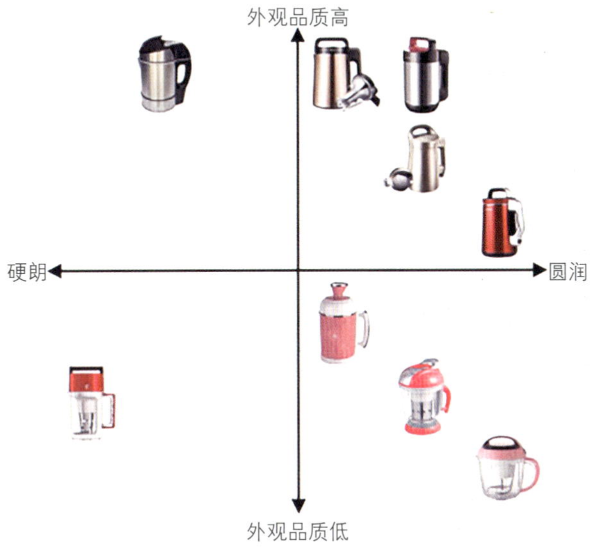

图2-12 豆浆机形态特征分析表

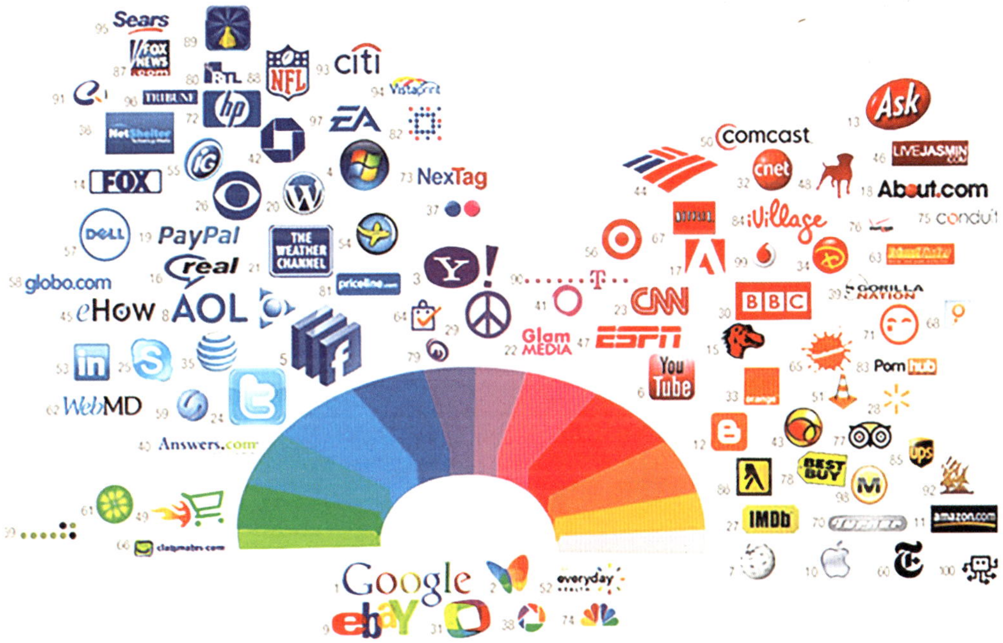

图2-13 产品色彩调查实例

析问题，为寻找产品升级换代的设计方向奠定基础。一般而言，产品的设计现状的调查涉及以下内容。

（1）对产品的形态设计进行调查。产品形态调查是设计现状调查的重点，它有助于清楚地了解开发中的产品在形态上所处的具体位置。由于产品形态对于人们而言属于感性信息，用语言很难对其进行准确、直观的评价，所以在实践中对产品形态设计的调查，往往是采取下面的方法（图2-12），即首先通过各种渠道收集一定数量的产品，然后从其中选出品牌、形态最具有代表性的产品作为调查样本进行图表分析，以便找寻产品形态设计的发展态势。

（2）对产品的色彩设计进行调查。产品色彩设计的调研主要采用摄影分析法、调查问卷法两种。摄影分析法是在特定时段对特定地区最具代表性的场所进行调研，将照片在同一平面展出即可找到这一时期的流行色趋势，将色彩提取并概括成色谱，对色彩特征和比例进行统计分析。调查问卷法是为了了解大众色彩心理以及色彩选择的重要方式，通过对人群色彩态度的分类和统计，即可得到各类色彩态度的百分比。将这个结果与色彩摄影分析法的结果进行对照即可看出各类色彩的流行趋势。产品色彩调查实例如图2-13所示。

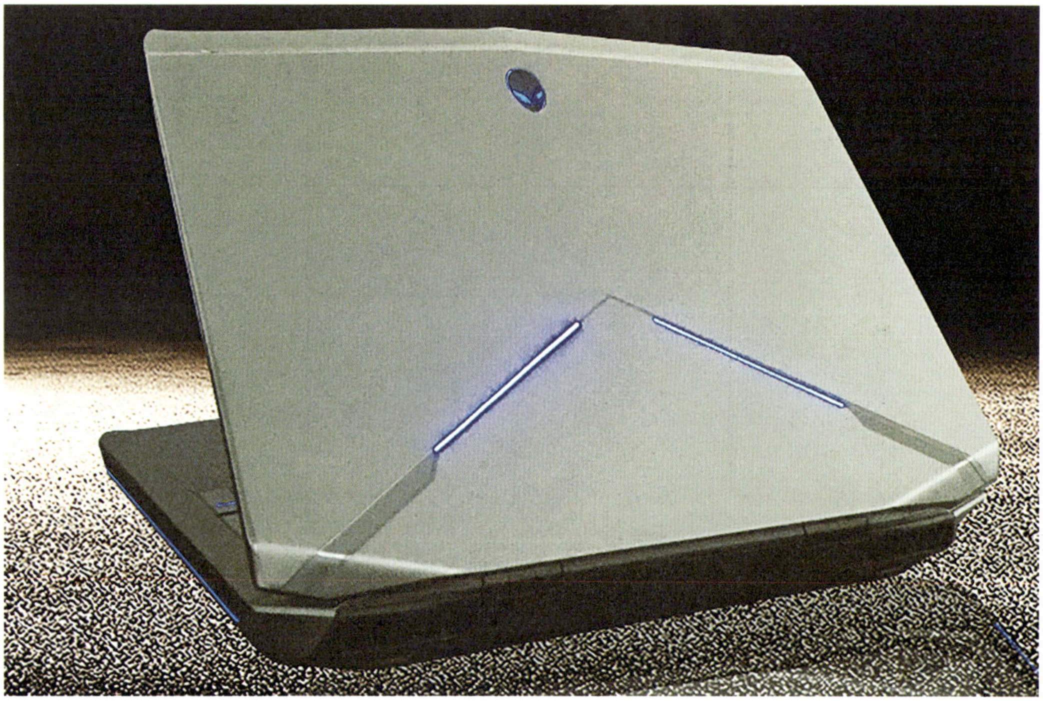

图2-14 钻石切面造型应用到电脑外壳设计

（3）对产品的功能设计进行调查。对产品功能设计进行调研，目的是通过调查、分析产品的功能实现原理、结构的变化幅度，从而确定产品的限制条件和设计重点。

4. 产品的流行趋势

产品的流行趋势是指某个年代、某种特征、某项功能、某类人群、某种价值观被推崇所依据的标准或潜在的风格。流行的产品有三种形态。第一种是时兴：一时兴起，这是一个时期特有的流行现象，如曾经风靡一时的传呼机、录像机、大哥大、呼啦圈等。第二种是热潮：一时盛行，它是与时代有一定联系的流行现象，如流行的钻石切面造型不仅体现在钻石本身，其他的商品如手机、家用电器、汽车等造型设计均受其影响（图2-14）。第三种是趋势：潮流、方向，它是由某种价值观形成的一个时代的流行现象。如从功能主义中派生出来的后极简主义，如小米遥控器，在极简的功能主义设计中融入一些感性的因素，迎合了都市人群对简约生活的诉求，成了工业设计发展的新趋势。

二、用户调研

信息收集

用户调研的目的是更明确、清晰的理解目标用户，从而为产品设计或改进提供指引和导向，对用户的调研一般可以从以下四方面展开：

（1）用户操作的习惯、原因，消费习惯和过程以及原因。

（2）用户直观感知本品与竞品的使用差异。

（3）用户的痛点在哪里？用户愿意买什么样的产品？

（4）如果想让本品移入，用户放弃竞品的理由是什么？从本品移出竞品，其中关键的原因是什么？

对调研信息进行收集的方法有很多，主要有问卷调查、观察、查阅文献资料等方法。同时为了保证信息收集的质量，应遵循准确性原则、时效性原则、全面性原则。

三、专利知识与专利检索

1. 专利知识

专利是指以法律的形式来保护知识创造发明的一种专有权利，是由国家知识产权局授予的、在一定期限内对某项发明创造享有的专有权。专利的范围包括：专利权、受到专利法保护的发明创造、专利证书、专利文献。申请专利既可以保护自己的发明成果不被他人侵犯，也可以通过专利项目的生产、经营等途径获得经济效益。

（1）专利权。专利权是指专利权人在法律规定的范围内独占使用、收益、处分其发明创造，并排除他人干涉的权利。专利权具有时间性、地域性及排他性。此外，专利权还具有如下法律特征：①专利权是两权一体的权利，既有人身权，又有财产权。②专利权的取得须经专利局授予。③专利权的发生以公开发明成果为前提。④专利权具有利用性，专利权人如不实施或不许可他人实施其专利，有关部门将采取强制许可措施，使专利得到充分利用。

（2）受到专利法保护的发明创造。根据《中华人民共和国专利法》第二条规定，受到专利法保护的发明创造具体指发明、实用新型和外观设计。①发明是指对产品、方法或者其改进所提出的新的技术方案。②实用新型是指对产品的形状、构造或者其结合所提出的实用的新的技术方案。③外观设计是指对产品的整体或者局部的形状、图案或者其结合以及色彩与形状、图案的结合所作出的富有美感并适于工业应用的新设计。专利种类不同，受法律保护的时间也不同，自申请日起计算，发明专利权的期限为二十年，实用新型专利权的期限为十年，外观设计专利权的期限为十五年。

（3）专利证书。专利证书是专利申请经审查合格，没有发现驳回理由，满足颁发授予专利权条件，由国家知识产权局做出授予专利权的决定，发给专利申请人的专利证书，是一种法律证明文件，证书上主要记载发明创造的专利名称、专利号、发明人、设计人的姓名、专利权人的姓名、名称，权利保护范围、授予专利的时间等。

（4）专利文献。专利文献是记载专利申请、审查、批准过程中所产生的各种有关文件的文件资料。狭义的专利文献指包括专利请求书、说明书、权利要求书、摘要在内的专利申请说明书和已经批准的专利说明书的文件资料，广义的专利文献还包括专利公报、专利文摘，以及各种索引与供检索用的工具书等。

2. 专利检索

专利检索是具体查找专利说明书的渠道和方法。通过专利检索不仅可以了解该项研究是否已经被其他人发明创造出来，还可以评价专利申请获得授权的可能性，又能够通过对先前的专利进行分析，完善自己的申请方案。专利检索的途径有纸件检索、软件检索和网上检索三种。

（1）纸件检索。纸件检索是一种十分具有证据效力的检索方式，所查资料一般最不容易出错，但是纸件检索的检索效率比较低，而且由于存在印刷发行周期，很难检索最新资料。

（2）软件检索。软件检索通常包括缩微胶片式、计算机磁介质及光盘专利文献检索。软件检索虽然较快，但其有限共享性限制了其使用范围，而且更新的速度也有一定的限制。

（3）网上检索。网上检索速度快、内容新。它的缺点是不具有法律效力，如要作为证据使用，需要使用相关的证明才具有法律效力。中国专利的检索可以通过多个网站进行，有收费网站也有免费网站。主要网站有中国国家知识产权局网站、中国知识产权网等网站。以中国国家知识产权局网站为例，检索方法如下：

①字段检索。字段检索可以分为单字段检索或多字段限定检索。每个检索字段均可进行模糊检索，用%（半角格式）来代表一个任意字母、数字或字，模糊字符可多次使用。

②IPC分类检索。IPC分类检索即利用IPC类表中各种各样的分类，逐级查询到感兴趣的类目，点击此类目名称，可得到该类目下的专利检索结果（外观设计除外）。IPC分类导航检索同时提供关键词检索，即在选中某类目下，在发明名称和摘要等范围内再进行关键词检索，提高检索的准确性。

3. 专利规避

专利规避是指企业在产品研发活动中，通过对专利文献中已有专利技术信息的检索，将检索到的信息与正在开发的产品定位进行比较。一来可以避免侵犯他人专利从而给企业造成不必要的麻烦；二来可以利用已有的公知专利技术对产品进行改进。

为了真正实现产品开发活动中的专利规避，产品研发团队在产品商品化过程中，应制订完整的项目技术研究计划，使研发人员真正了解已有专利文献的说明书、权利请求书、外观图片等内涵，并向企业管理层提交公正客观的专利规避分析报告，以排除侵权的可能性。通常该分析报告应委托专业人士或机构提供。

目前主要是从删除、替换、更改以及语义描述的变化等方面进行专利规避。实际应用中，专利规避可遵循以下三点原则：

（1）减少组件数量以满足全面覆盖原则。

（2）使用替代的方法使被告主体不同于权利要求中指出的技术，以防止字面侵权。

（3）从方法、功能、结果上对构成要件进行实质性改变，以避免侵犯等同原则。

四、调研资料分析与整理

1. 资料收集与整理

来自消费者、产品、社会、文化各方面的调研资料纷繁复杂，并非每条都对设计有极大参考价值。面对这些资料，如果不注重收集和整理的方法，很难理出清晰的思路。

（1）资料的收集：尽量多地从网络、书籍杂志、实际生活记录等多途径进行收集。

（2）资料的选择：快速评价资料，舍弃不要的资料，对有明显想法的资料进一步深入收集。

（3）资料的分类：根据一定的规律，对资料的种类、性质、系统等进行分类，有助于设计概念的清晰条理化。

（4）资料的分析：细微地研究资料的因果、相关关系、特点、倾向，并进行评价，找出最有可能突破和最需要解决的地方。

（5）资料的综合：根据设计任务的目的，对已分析的资料进行组合或加工，形成相对完整的概念和背景要点。

（6）资料的蓄积：活用调研的要点和结果，在后续的设计中不断联系或检视，会给设计带来新的启发。

2. 设计图表

图表设计从属于视觉传达设计的专业范畴。产品设计的过程中，常常需要通过掌握图表这一工具，熟练运用和组织图形、文字及表格等视觉元素使形象明确化，并生动表达事物的现象或思维观念，图表设计如图2-15所示。其广泛应用于设计调研的分析与比较，概括性的表达研究结果具有概括、明确、易读、形象生动等特点。

一般对于图表的视觉设计，需要掌握以下几点：

（1）图表应用与表达特性。

（2）图表设计的构成元素与传达原理。

（3）图表的类型与表示方法。

（4）图表设计的艺术性。

3. 资料分析

资料分析可以采用定位图法和互动分析法。定位图是用来将产品特征或形象进行比较，构成视觉图示（图2-16），是一种质量型的分析图，一般有坐标定位图和视觉图示定位图。互动分析法可以帮助设计师系统地分析有关主题元素之间的关系。特别对于复杂的设计情况，该方法更有助于设计师厘清设计元素间值得关注的互动关系，帮助其有效且有逻辑地与他人沟通。

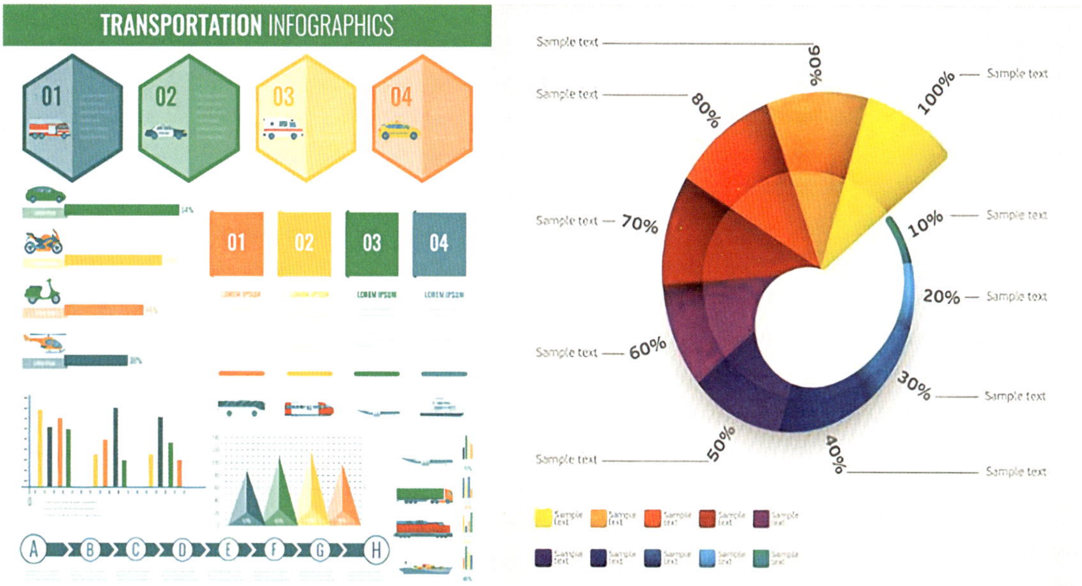

图2-15　图表设计

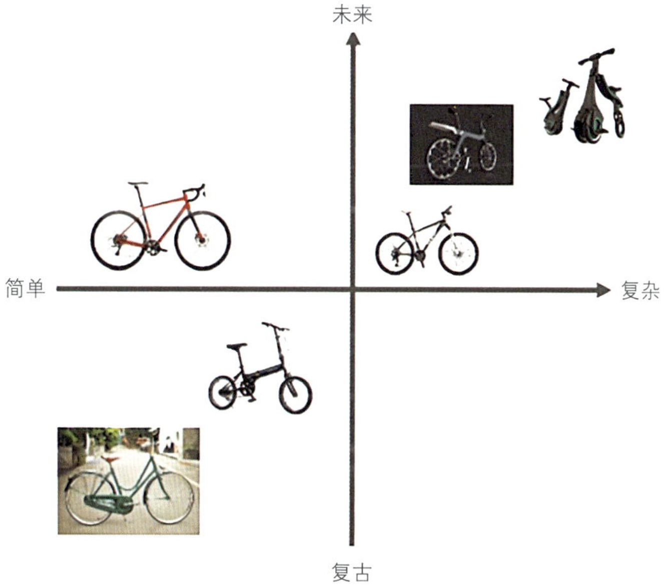

图2-16　定位图

第四节　设计定位

设计定位，是从消费者的心智出发，以满足经过市场细分选定的目标顾客群需求为目的，并在同类产品中间留有比较优势的设计策略。设计定位主要具有以下特点：尊重顾客需要，以顾客为中心，为顾客定制产品；满足细分市场顾客；满足顾客心理和生理双重需求。设计定位的出发点是消费者的需求，最终通过物化的产品来体现。

一、目标市场定位

选择目标市场定位首先要对市场进行细分并且对每个子市场的市场规模增长率、市场结构吸引力和公司目标与资源等方面进行评估，企业对各个子市场进行权衡，对各个指标进行综合评估与分析，再选择最优化的目标市场。

1. 市场细分

1956年，美国市场学家温德尔·史密斯（Wendell Smith）提出了市场细分的概念。市场细分是在第二次世界大战结束后，美国众多产品市场开始从卖方市场向买方市场转化的这一趋势下的发展产物，也是企业以消费者为中心的现代市场营销观念的必然产物。

市场细分是根据消费者的不同需求、特征和行为，将一个产品的整体市场分为几个有明显区别的子市场，其中任何一个子市场都是一个有相似需求的顾客群体。它以企业资源的限制和顾客需求的异质性为客观依据。目标市场是在企业决定进入市场并进行市场细分的基础上，对各细分市场进行评估，再根据自身特长来决定服务哪部分顾客群体。市场细分是设计定位中重要的一步，也是市场营销学中一个很重要的概念。

（1）市场细分的作用。①企业可以设计出符合该市场特点的产品，从而满足消费者的需求。②对各个子市场进行研究与分析，可以使企业降低生产成本的同时实现对产品的更新换代，增强企业竞争力的同时满足消费者的需求。③可以使企业发现新机遇、新市场，对新产品进行市场定位。

（2）市场细分的原则。①可衡量性。细分的市场是可以识别和衡量的，不仅范围明确，而且对其容量大小也能大致做出判断。②可进入性。细分市场应该是企业通过努力可以使产品进入对顾客有影响的市场。一方面，产品的信息可以通过媒体传递给该市场的消费者；另一方面，企业能够将产品通过一定的分销渠道运送到该市场。③有效性。细分市场的规模要大到足以使企业获利。在进行市场细分时，企业必须考虑细分市场消费者的数量和购买能力，若市场规模小，工作烦琐、成本消耗大，就不值得进行市场细分。

（3）市场细分的程序。美国市场学家麦卡锡提出细分市场的一套程序，共包括七个步骤：

①选定产品市场范围及确定进入什么行业，生产什么产品。产品市场的范围应该由顾客的需求来确定。例如进入箱包行业，生产行李箱，根据顾客对行李箱的体积、内部结构分配、外观、材质、功能等方面的需求来确定产品市场的范围。

②列举潜在用户的基本要求。例如某公司希望改进现有的行李箱或推出一款新的行李箱，通过调查了解潜在消费者对行李箱的功能需求，这些需求可能包括称重、可压缩、自动跟随等。

③了解潜在用户的不同要求。对于列举出来的基本要求，不同的用户强调的侧重点可能会存在差异。比如，行李箱的性价比和耐久度是所有顾客共同强调的。有的用户重视行李箱的外观、造型、色彩等，有的用户重视旅行箱的内部空间分配、可压缩、可跟随等功能。

④抽掉潜在用户的共同需求，以特殊需求作为细分的标准。上述所列的对行李箱的共同要求固然重要，但不能作为市场细分的基础。比如行李箱的耐久度是很多用户的需求，就不能作为细分市场的标准，因而应该剔出。

⑤根据潜在用户基本需求的差异方面，将其划分为不同的群体或细分市场，并赋予每一个细分市场以名称。

⑥进一步分析每一个细分市场的需求和购买行为的特点，并在此基础上决定是否可以对这些细分出来的市场进行合并或进一步细分。

⑦预估每一个细分市场的规模，在调研的基础上估计每一个细分市场的顾客数量、购买频率等，并对细分市场上产品竞争的状况和发展的趋势进行分析。

（4）市场细分的方法。企业在进行市场细分时，可以采用单一变量因素细分，也可以采用多个变量因素组合或系列变量因素进行市场细分，下面是几种市场细分方法：

①单一变量因素法：根据影响消费者需求的某一个重要的因素进行市场细分。

②多个变量因素组合法：根据影响消费者需求的两种或两种以上的因素进行市场细分。

③系列变量因素法：根据企业经营的特点，按照影响消费者需求的诸因素，由粗到细进行市场细分。

2. 目标消费者

市场经过细分之后，使企业面临许多不同的细分市场的结果获得机会，而市场细分的目的在于从对客户的分析中捕捉到市场的机遇，确定目标消费者。因此，完成市场细分工作之后，应通过分析、选择确定目标消费群体。

在细分市场和描述目标消费群时，应从以下因素入手，进而确定产品定位。这些描述消费者特征的细分变量可以单独使用，也可以结合使用：①地理变量（地区、城市大小、人口密度、气候）；②人口统计因素（年龄、代沟、家庭人口、家庭类型、性别、收入、职业、教育、宗教、种族、国籍、社会阶层）；③心理因素（生活方式、个性）；④行为因素（使用时机、追求的利益、使用者状况、使用率、对产品的态度）。

在以上消费者特征的细分变量中，个性和生活方式是两个反映消费者心理特点的重要概念。个性是长期的和深层次的，它反映了消费者从儿童时期就形成的一种固定的气质；生活方式则是用来定义一个人日常生活的活动、利益和观点的。个性和生活方式形成了一套比人口学更为丰富的指标。

目前，在市场营销的研究领域，研究人员也越来越多地通过个性和生活方式这两种途径来了解消费者，并且根据个性和生活方式，将消费者划分为不同的群体，从而使市场细分从平面转向立体，也使得划分和确定的目标市场更具有深度。

3. 确定比较优势

在目标市场定位阶段，要将各种要素与竞争对手相比较，找出自身的优势和不足，在设计中扬长避短，从而在消费者心目中确立优势地位，从设计定位系统的构成来看，产品可以从功能、形式延伸研究等方面入手，寻找与竞争对手的比较优势。

二、基于用户需求的产品定位

产品定位是指将某个具体产品或产品能满足消费者需求的属性，定位在消费者心中，让消费者产生某类需求，就会联想到某类产品定位。其不仅要具备消费者所需求的价值，而且要让消费者可以清楚地感受到该产品与竞争产品之间的差异，这是产品定位的竞争性表现。

1. 产品定位的原则

产品定位的目的就是在目标消费者脑海中塑造一个独特的产品形象，并借此将产品与同类竞品区分开来，从而创造出富有竞争力的产品，赢得目标客户群，甚至把潜在消费者从竞争者那里争取过来。因此，一个有效的产品定位应该符合以下原则：

（1）独特性。产品定位应该是与众不同的，是竞争对手难以模仿的，从而保证产品的竞争力。

（2）高价值性。无论是在物质上还是精神上，产品定位必须能为目标消费者带来较高价值的利益，且这种利益对消费者来说是重要的。

（3）优越性。产品定位必须明显优于通过其他途径而取得的市场效果，否则该定位会失去其存在的必要性。

（4）可承担性。进行差异化的产品定位时，还要考虑目标消费者是否有能力和意愿去支付该定位可能带来的额外成本。

2. 产品定位的构成

（1）产品功能定位。产品功能是产品的核心部分，它是指产品设计中所设定的最基本利益或者功能。在产品功能定位中，要根据目标消费者的要求，根据各种功能的技术成熟程度去确定产品的基本功能，这是产品功能定位的主要方面。

（2）产品形态定位。形态不仅指物体外形、样貌，还包括物体的结构形式。构成主义认为，宇宙万物虽然千变万化、复杂多样，但其形态都可以归纳成点、线、面、体等基本要素，都可以转化成方体、球体、柱体、锥体等几何形体以及形体之间的组合。

如图2-17所示为丹麦著名设计师汉斯维纳应用线条元素创作的经典作品——孔雀椅，该椅的椅背部分以多条木杆制成，形似孔雀，因而得名。整体形态利用曲线和直线相结合，极具美感，并体现一种视觉张力。这件作品不仅是具象形态提炼成抽象形态的典范，更是线形式被完美表达与应用的经典作品。

（3）产品材料定位。材料是产品造型设计与形态表达的物质基础与载体。材料的种类丰富，不同的材料能给人带来不同的视觉感受。材料与产品造型设计之间的关系是相互刺激、相互促进的，材料的使用与产品造型设计相呼应，而产品造型设计也促使着材料制造技术不断发展。造型设计中常见的材料有金属材料、木质材料、塑料、复合材料等。

对于产品设计师来讲，在研发过程中，无论是天然材料还是人造材料，不仅要关注材料的固有性能，还应该注意材料的形态、色彩以及空间构成中的结构组合表现。随着人类对大自然的不断探索与科学技术的飞速进步，材料类型变得越来越丰富，这些新颖的材料为设计师提供了丰富的资源，也对设计师提出了更高的要求，要求设计师要创造出符合时代需求的经典设计作品，这就要求设计师必须在掌握现代设计理念和设计手段的前提下尝试材料的新异性，感受材料的丰富性，把握材料的合理性，充分认识各种新材料的基本性能和感觉特性，不断加强探索与应用各种新材料，这也是产品设计造型师必备的能力。

（4）产品色彩定位。产品的目标是为用户服务的，好的色彩能使用户产生心理上的共鸣，获得情感上的满足。用户心理在很大程度上决定着产品色彩特征的定位，一方面色彩本身具有暗示作用，会对用户产生心理上的影响；另一方面，人们不同的性格、年龄、职业等会影响其对色彩的感知。因此，在进行产品设计时，设计师需要通过分析色彩的含义及目标用户的色彩喜好来进行色彩特征定位（图2-18）。

图2-17 孔雀椅

图2-18 儿童餐具设计（加斯幼品）

第五节　设计概念的生成和表达

一、设计概念的生成

1. 设计思维过程

设计思维的科学性定义可以理解为人类特有的一种意向性、创造性思维活动，是为了满足特定需要，在一定的设计思想指导下，将造型力、构想力、整合力融于一体，充分表达设计意图、制订预想方案的构思过程，是设计观念、思维方法和思维能力的表现和展开。从产品设计问题求解的角度，可以将设计思维的过程划分为三个主要阶段：构思阶段、分析阶段、处理阶段，分别对应问题发现、问题分析、问题解决的求解过程。

（1）构思阶段。构思阶段是问题发现的过程。这个阶段要求设计师尽可能将思维发散，尽量突破以往的思维定式习惯，多方面、多角度思考问题，并采用适当的方式，如文本、图框或其他任意可以描述问题的形式记录已经思考了的问题，从而形成该产品可能的问题空间集，可采用画思维导图等方法进行构思（图2-19）。如由“人性化”想到“照顾父母”再想到“洗碗”这样的过程。

任何产品设计都不可能解决所有存在的问题。因此，在定义了产品可能问题空间集之后，要求设计师采用收敛思维的方式对问题进行选择，选择的标准根据具体项目的不同而表现出差异性，这个过程中可能有更多的逻辑性思维参与。

因此，在设计构思阶段，问题发现是以发散思维为主，而问题的定义以收敛思维为主，根据具体情况可能存在一定的反复。

（2）分析阶段。分析阶段是通过对问题的分析，将问题概念化的过程。由于分析问题是以掌握大量信息为基础的，所以在分析阶段需要收集尽可能多的相关信息（如产品的技术信息、产品的问题信息、产品设计开发过程的信息等）。

对问题的分析过程是对收集到的信息进行及时、准确、客观的整理、分析和评估的过程。恰当的信息搜集方法将有助于信息的获取。搜集信息的常用方法主要有问卷调查法、观察法、拍照录像和录音、查阅资料等。

（3）处理阶段。在对问题进行分析后，就可以转入问题概念化过程，即提出解决问题的可行方案。在这个过程中，首先须针对要解决的问题进行发散式思维，从问题的不同角度出发设想尽可能多的解决方案；再进行收敛思维，以便通过比较分析，从大量的解决方案中筛选出具有实际可行性的方案。由于在实际的产品设计过程中，产品的概念化既包括

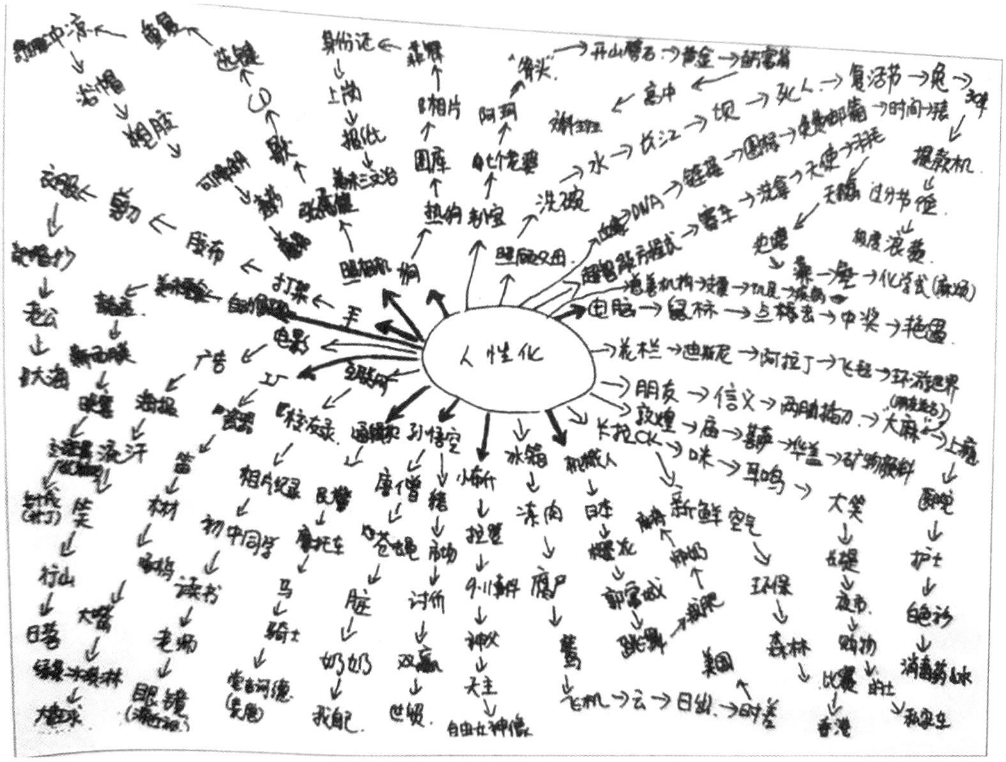

图2-19　思维导图文字构建实例

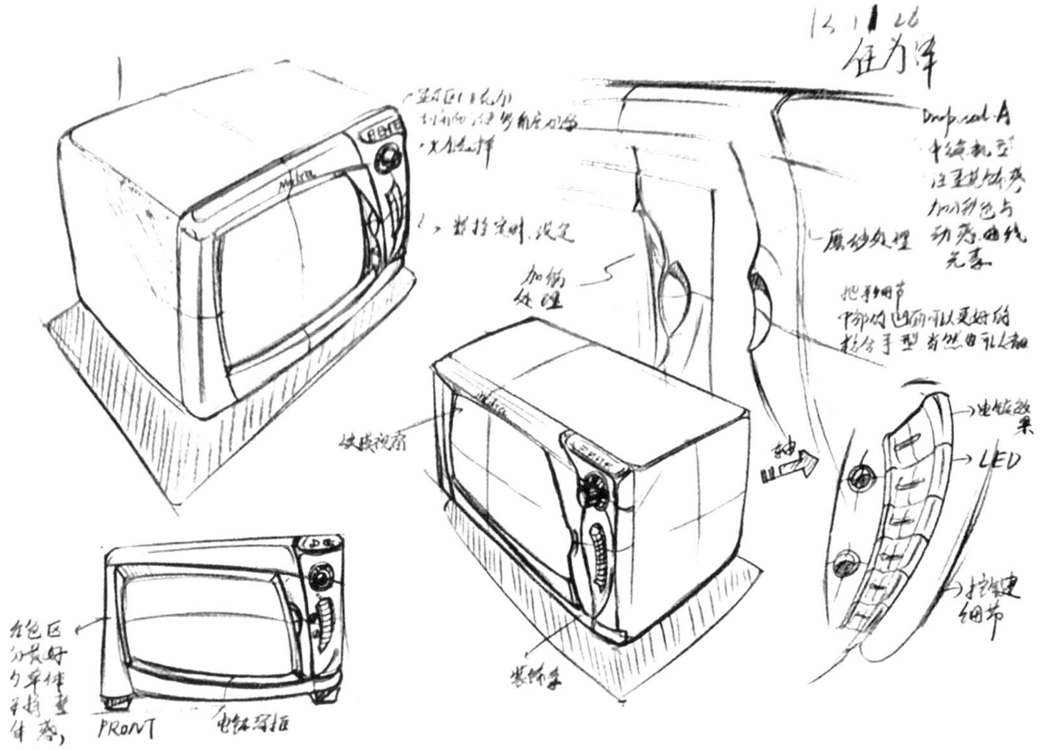

图2-20 设计草图

产品造型、色彩、材质等视觉形象的概念化，又包括结构、制造、工艺等工程因素。因此，这个阶段是形象思维与逻辑思维同时发挥作用的阶段。在这一阶段，设计概念的表达一般借助设计草图和设计原理图等形式来实现（图2-20）。

2. 设计思维方法

设计思维方法是指在设计过程中分析问题、形成新概念、产生新方案所采用的途径、手段和方法，其目的在于扩展设计思维的深度和广度，提高设计活动的成效，缩短设计探索的过程。在学习设计的过程中，仅凭天赋、灵感，而无正确的设计思维方法指导是难以真正领悟设计的真谛的。因此，我们应把学习设计思维的方法作为培养和开发设计创新能力的重要途径，认真、系统地学习，并在设计实践过程中加以灵活应用。设计思维的主要方法包括智力激励法、举例法、设问法、类比法、组合法等。

二、设计概念的表达

1. 手绘

（1）手绘的作用。好的手绘表达是优秀设计的开始。手绘是将设计师的创意想法快速表达出来的一种方式，是设计师头脑中思路的具象展现。好的手绘可以完整地表达出设计师的理念，而不是简单的效果图。手绘可以用马克笔、色粉、电脑等工具辅助绘图，要想成为好的手绘表达者就要大量练习。

（2）手绘练习方法。

①多临摹一些优秀的设计草图。优秀的画家也是从临摹这一步开始的，学生阶段临摹是一个能够快速提升手绘技能的好方法（图2-21）。在纸上用铅笔或者钢笔画出初稿，把产品的轮廓清晰地描绘出来，注意近实远虚，用笔要肯定，线条尽可能流畅，底稿要表现出一定的体积感。

②坚持每天练习，有了量的积累才会得到质的飞跃。每天保持至少十分钟的简单练习，只要坚持下来，手绘草图技能会得到不断提升。

2. 二维板绘

二维板绘是一种在屏幕上进行绘图的方式，它的出现使数字手绘技术得到了真正意义上的质的飞跃（图2-22）。数位屏将LED显示器与数位板整合于一身，用户可以使用其配套的压感笔在液晶屏幕上直接进行输入，使人们更加直观、自然、方便和高效地进行数字手绘。

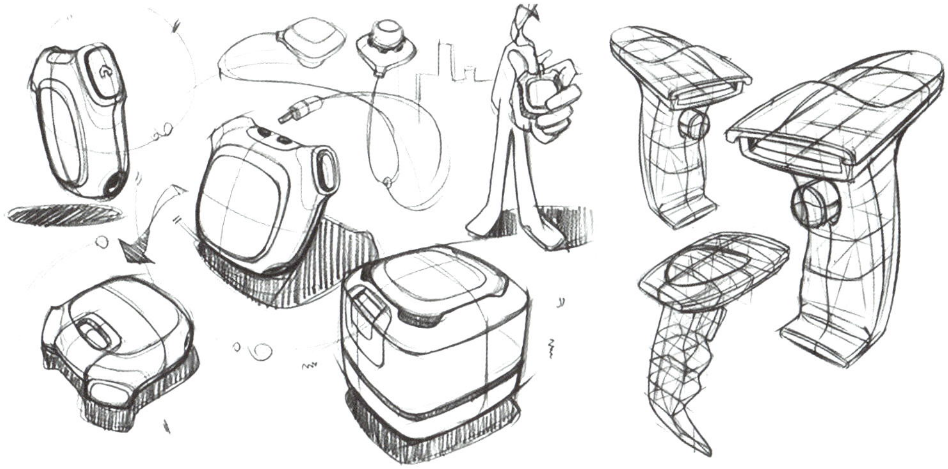

图2-21 选择优秀设计图临摹

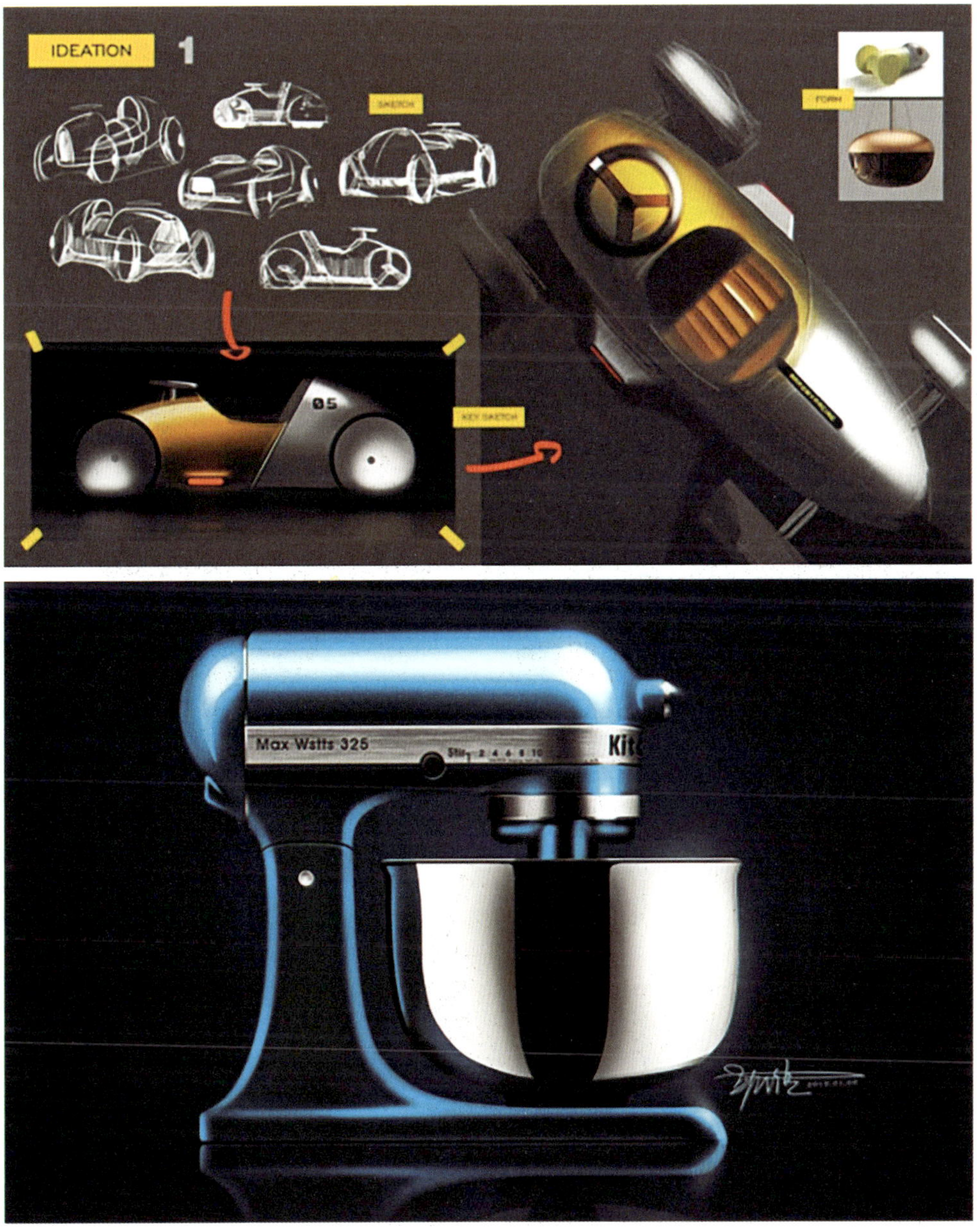

图2-22 二维板绘效果图

3. 三维建模

在现代数字技术中，三维的虚拟建模技术为人们提供了更加全面的物象构建方式，如广泛应用的AutoCAD、3dMax、Maya等三维设计软件。Photoshop、CorelDRAW软件适合表现操作面板的设计，还可以在三视图的基础上表现产品各个投影面的真实情况；3dMax软件用于表现产品的三维立体感和表面质感，适用于产品宣传和决策；犀牛软件适合产品外壳设计的表现；AutoCAD的作用主要在于结构零部件制图；Creo Parametric利用具有关联性的CAD、CAM和CAE应用程序，可实现绝大多数产品的设计模型制作（图2-23、图2-24）。

建模之后就可以渲染了。电脑中的渲染是对模型所赋予的材质、配置各种不同灯光进行着色计算的最终显示的效果。其中二维动画和三维动画是运用比较广泛的动画形式。动画制作的应用范围不仅是动画片制作，还包括影视后期、广告等方面。

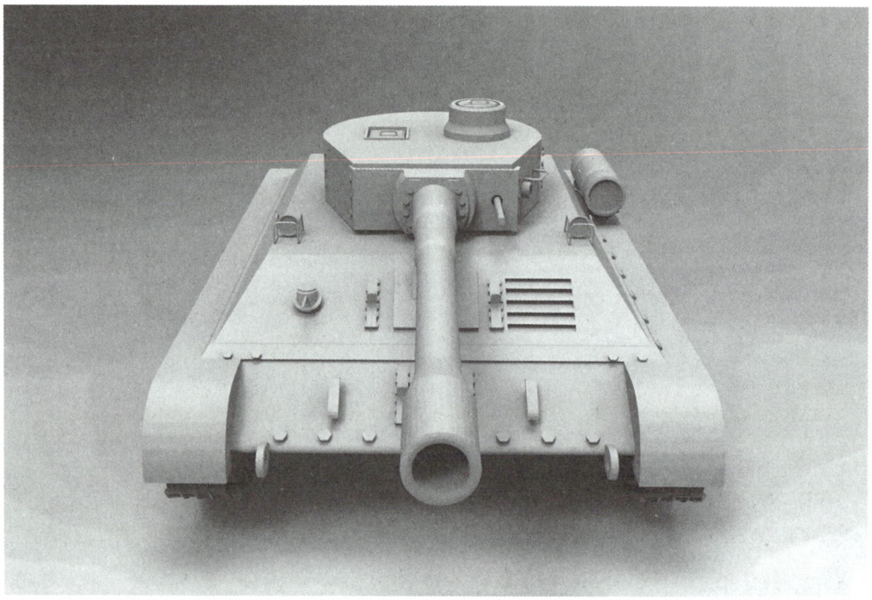

图2-23 Creo三维建模图

图2-24 Creo三维渲染图

第六节 产品原型实现

一、产品原型概述

1. 产品原型定义

原型就是产品最初的模样（或造型），它是开发者（或团队）根据市场新需求和本企业生产工艺条件设计的多种产品形状，供集体展开讨论。因此，它包含的原型范围从概念草图、数学模型、计算机模拟、3D模型、3D打印、测试元件到功能齐全的试制品都有。原型化就是开发若干个近似产品的比较、评价过程。

2. 产品原型的作用

在一个产品开发项目中，使用原型有四个目的：研发、沟通、集成和初试（制）。

（1）研发：原型通常用于回答"它能否工作？"和"它满足消费者需求的程度如何？"当回答这类问题时，原型已成为探讨的工具。

（2）沟通：原型加强了开发团队与高层管理者、供应商、合作人、消费者及投资者间的沟通。这点对实体化原型来说尤为重要：以一个可见的、能触知的三维图形来表现的产品，比语言草图描述更易理解。

（3）集成：原型用于确保产品的子系统及组件能达到预期效果。综合化的实体原型在产品开发中各个部件的装配关系要符合机械原理、力学性能，因为它们要求零件、各部件间协调配合，并与零件组成一个产品。要做出这样的原型，需要产品开发团队的成员相互协作。

（4）初试（制）：尤其是在产品开发的后期，原型用于验证产品在功能上已达到期望水平。初试（制）原型提供可触知的效果，也表明了产品进展情况，并用来加强进度安排。高层管理者（有时是顾客）经常要求在项目继续进行之前提供一个能展示特定功能的原型。例如，许多政府在采购时，要求承包商在进行生产之前必须进行原型的"合格测试"和"首件测试"。

二、制定原型达成计划

在产品开发过程中，原型（实体化或解析化）的制造和调试虽然与产品开发项目整体目标相符，但无法进行量化生产，这种情况的发生往往是由于计算机模拟的原型与实际生产所需的原型有差距，为避免这一情况，需在尝试制造和测试原型之前，对每一原型部件根据生产工艺的要求进行调整。

1. 初试

每一个产品开发计划中都有一个原型的初试阶段，在其他条件相同的情况下，开发团队希望尽可能减少初试原型的成本，因为设计、制造和检测该种原型要消耗大量的时间和资金。然而，现实中高度工程化的产品在开发过程中的每一阶段原型一般不少于两个，有些开发工作甚至需要4个或者更多。

一般企业开发团队会考虑用α原型、β原型或试产原型作为原型。同时，开发团队也应考虑此原型是否必须和是否应该增加附加原型。

α原型通常用于评价产品能否如预期那样工作，α原型的部件通常在材料和几何形状上与实际生产的产品部件相似，但它们一般由原型生产流程制造。例如，α原型的塑料部件是用冷流道注射，而实际采用这种生产方法会出现熔接痕，改用热流道浇口后能够提高质量和效率，但成本会大大提高，通常情况下，为确保产品质量，开发团队会选择热流道浇口。

β原型通常用于评价产品的可靠性并识别残留的缺陷。这些原型经常交由顾客在预期的使用环境下进行检测；β原型的部件通常由实际生产工艺制造或由预定的部件供应商供应，但产品通常不是由预期的最终装配线组装。例如，β原型的塑料部件可能是注射成型，并由技术员在原型车间装配而成，而不是由生产工人或自动化设备装配而成的。

2. 中试

中试原型是第一批由经过完整生产工艺过程制造出的产品。这时，生产线还没有满负荷运行，只是制造有限的产品。这些原型用于评价生产线的能力，它们还有待进一步测试，并通常提供给用户，这种试产原型有时也被称为“生产试验原型”。

对于标准原型计划，最常见的变更是删除某种原型或增加早期的附加原型。当产品与公司现有的已开发并生产的产品非常相近，或产品非常简单时，可以删除原型（如高成本的α原型）。在产品表现出新概念或新技术的情况下，增加早期原型是常有的事。这些早期原型有时被称为“实验原型”或“工程原型”。

中试是为确定产品特性、组装、测试、生产工艺、检测标准等各项工作展开的，是为批量生产做准备的技术活动，也是为用户提供样机的互动机会。

三、原型制作技术

1. 虚拟产品设计

虚拟产品设计是基于虚拟现实技术的新一代计算机辅助设计，是基于多媒体的、交互的渗入式或侵入式的三维计算机辅助设计环境，通过三维操作、语言指令支持详细设计。虚拟产品设计是在真实产品加工以前，通过实施有效的产品设计方法和手段，建立产品的功能和结构模型，对产品的三维实体建模和装配建模的形成结构、功能和性能进行仿真，作为对设计的指导以及对用户需求的预评估，满足工程设计和应用的需要。

一件真实产品从构想到市场一般要经历概念设计、原型设计、生产制造、广告宣传和市场销售等过程。而虚拟产品则是将这一过程在计算机中模拟表现出来的设计手段。

2. 快速原型制造技术

快速原型制造技术（Rapid Prototyping，简称RP技术），又称快速成型技术。RP技术是在现代CAD/CAM技术、激光技术、计算机数控技术、精密伺服驱动技术以及新材料技术的基础上发展起来的。不同种类的快速成型系统因所用成型材料不同，成型原理和系统特点也各有不同。但是，其基本原理都是一样的，那就是“分层制造，逐层叠加”。形象地讲，快速成型系统就像一台“立体打印机”。

3. 分类

①3D打印技术（图2-25）：3D打印技术是一系列快速原型成型技术的统称，其基本原理都是叠层制造，由快速原型机在X-Y平面内通过扫描形式形成工件的截面形状，而在Z坐标间断地进行层面厚度的位移，最终形成三维制件。目前市场上的快速成型技术分为3DP技术、FDM熔融层积成型技术、SLA立体平版印刷技术、SLS选区激光烧结、DLP激光成型技术和UV紫外线成型技术等。

②3DP技术：采用3DP技术的3D打印机使用标准喷墨打印技术，通过将液态连接体铺放在粉末薄层上，以打印横截面数据的方式逐层创建各部件，创建三维实体模型，采用这种技术打印成型的样品模型与实际产品具有同样的色彩，还可以将彩色分析结果直接描绘在模型上，模型样品所传递的信息量较大，3DP技术如图2-26所示。

③FDM熔融层积成型技术：FDM熔融层积成型技术是将丝状的塑料加热融化，同时三维喷头在计算机的控制下，根据截面轮廓信息，将材料选择性地涂敷在工作台上，快速冷却后形成一层截面。一层成型完成后，机器工作台下降一个高度（即分层厚度）再成型下一层，直至形成整个实体造型。其成型材料种类多，成型件强度高、精度较高，主要适用于成型小塑料件，如图2-27所示，为FDM熔融层积成型技术细节图。

④SLA立体平版印刷技术：如图2-28所示，SLA立体平版印

图2-25 3D打印技术

刷技术以光敏树脂为原料，通过计算机控制激光按零件的各分层截面信息在液态的光敏树脂表面进行逐点扫描，被扫描区域的树脂薄层产生光聚合反应而固化，形成零件的一个薄层。一层固化完成后，工作台下移一个层厚的距离，然后在原先固化好的树脂表面再敷上一层新的液态树脂，直至得到三维实体模型。该方法成型速度快，自动化程度高，可成型任意复杂形状，尺寸精度高，主要应用于复杂、高精度的精细工件快速成型工作。

⑤SLS选区激光烧结技术：如图2-29所示，SLS选区激光烧结技术是通过预先在工作台上铺一层粉末材料（金属粉末或非金属粉末），然后让激光在计算机控制下按照界面轮廓信息对实心部分的粉末进行烧结，不断循环，层层堆积成型。该方法制造工艺简单，材料选择范围广，成本较低，成型速度快，主要应用于铸造业直接制作快速模具。

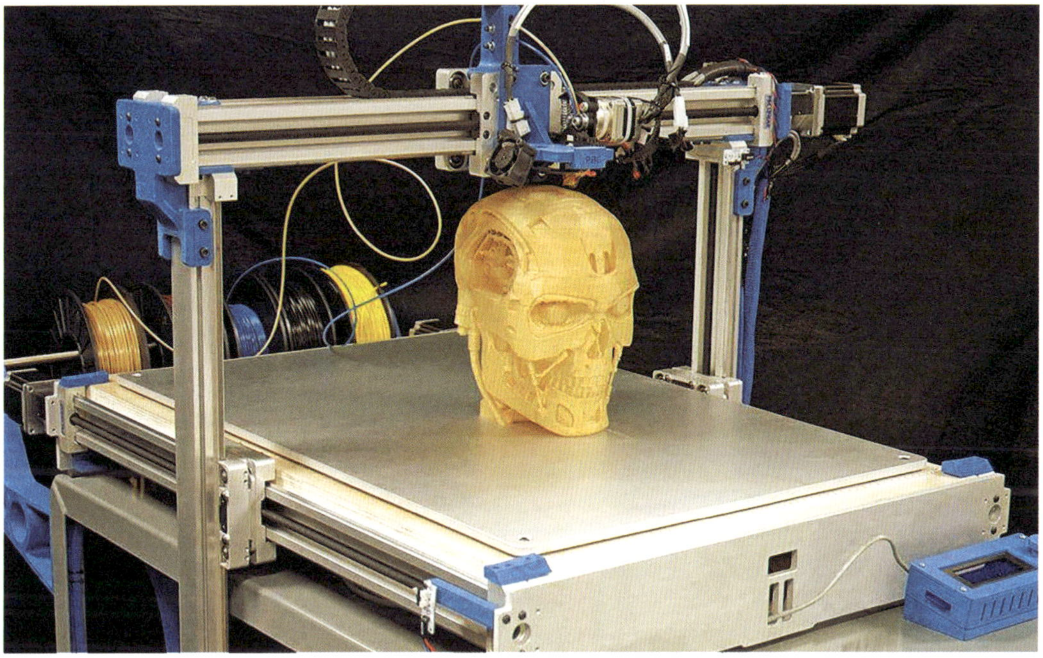

图2-26 3DP技术

图2-27 FDM熔融层积成型技术细节图

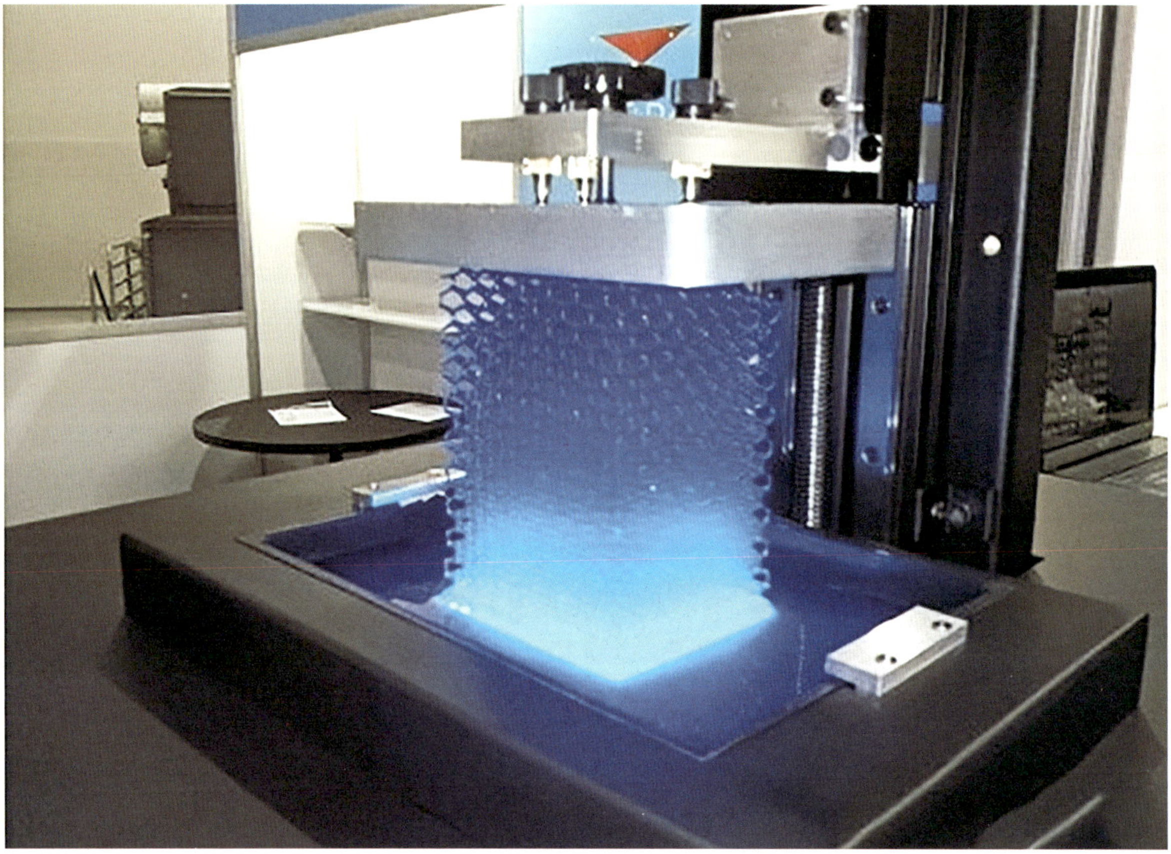

图2-28 SLA立体平版印刷技术

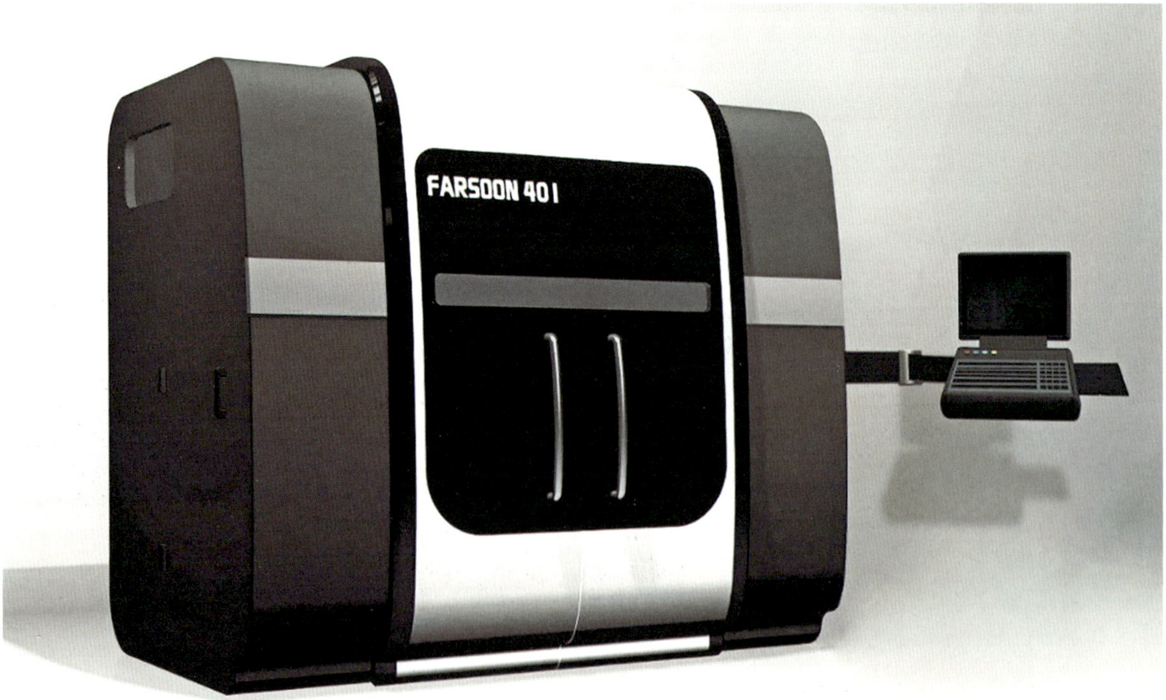

图2-29 SLS选区激光烧结技术

⑥DLP激光成型技术：如图2-30所示，DLP激光成型技术和SLA立体平版印刷技术比较相似，不过它是使用高分辨率的数字光处理器（DLP）投影仪来固化液态光聚合物，逐层进行光固化，由于每层固化时已通过幻灯片似的片状固化，因此速度比同类型的SLA立体平版印刷技术更快。该技术成型精度高，在材料属性、细节和表面光洁度方面可匹敌注塑成型的耐用塑料部件。

⑦UV紫外线成型技术：UV紫外线成型技术（图2-31）和SLA立体平版印刷技术（图2-32）比较相似，不同的是它利用UV紫外线照射液态光敏树脂，一层层由下而上堆栈成型，成型的过程中没有噪声产生，在同类技术中成型的精度最高，通常应用于精度要求高的珠宝和手机外壳等行业。

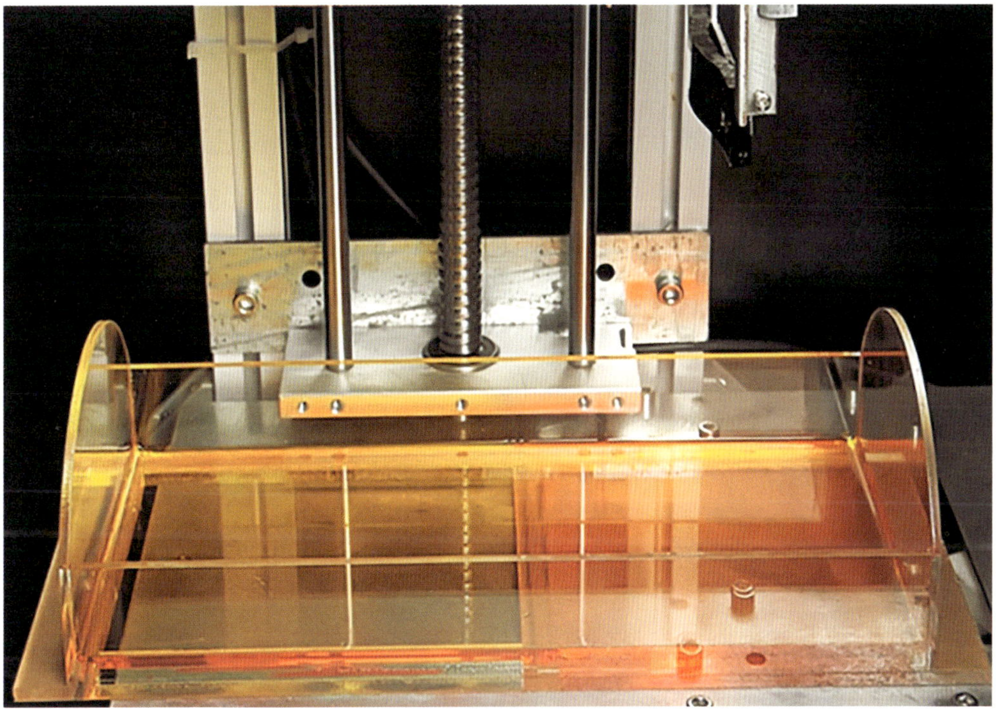

图2-30 DLP激光成型技术

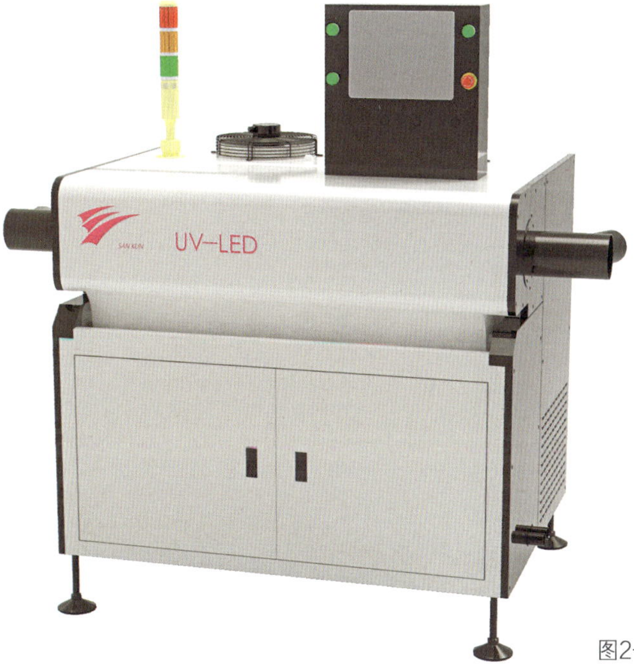

图2-31 UV紫外线成型技术

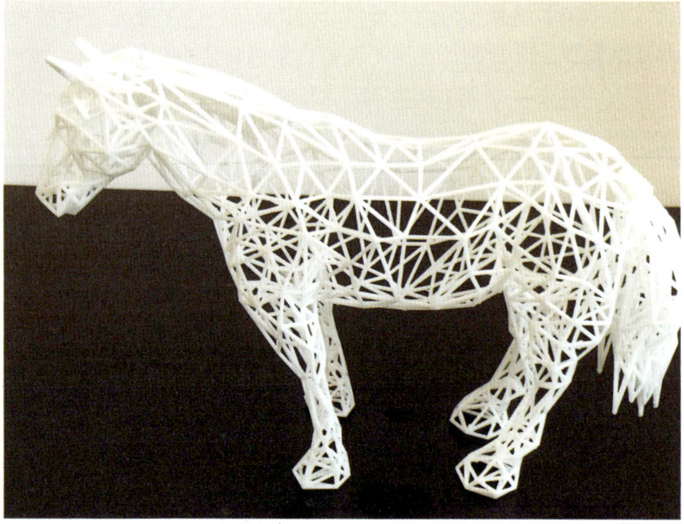

图2-32 SLA立体平版印刷技术

第七节 产品设计评价

产品设计中所遇到的和需要解决的都是复杂、多解的问题，通常的逻辑步骤为：分析—综合—评价—决策，即在分析设计对象的特点、要求及各种制约条件的前提下，综合搜索多种设计方案。最后通过设计评价过程，做出决策，筛选出符合设计要求的最佳设计方案。

设计评价是对设计价值的一种衡量和判定，在设计过程中，对解决问题的方案进行比较、评定，由此确定各方案的价值，判断其优劣，以便筛选出最佳设计方案。合适的设计决策方案依赖于持续有效的设计评价活动。

一、设计评价的目的和标准

设计评价是一个相对复杂的工作，为了确保设计评价工作顺利进行，能得到有效的评价结论，同时也是为了提高工作效率，在评价工作开始之前就要确定适宜的工作程序和进程安排。其中，建立评价目的及评价标准的分类整理，是设计评价程序的重要环节。

1. 评价目的

产品设计评价的目的是使决策者最大可能把握产品设计不确定因素的权重，为产品的进一步开发或改进提供一个相对客观、有效的参考，协助设计项目顺利进行。设计评价的目的主要表现在以下两个方面。

（1）保障企业设计战略的实施。设计管理中的设计评价又分为以下三种：

①预测评价：预测评价是指对市场趋势、竞争态势以及相应的设计策略、产品计划进行的预见性评估，通常发生在项目实施之前或当中。

②结果评价：结果评价是指对设计的最终成果进行全新的评价，通常发生在项目实施后期。

③过程评价：过程评价是对项目实施过程中的目的指向性、效率等问题的评估，是对设计阶段性成果的评估，通常发生在项目进程的节点上。过程评价的任务就是评审阶段性的设计成果，预测今后的设计走向，从而为有效、合理地进行设计决策提供依据。

企业通过上述三种设计评价，可以规范产品设计的方向，从而节约设计成本；通过不断摸索和积累适合自身特点的操作方法、程序、标准与组织方式的经验，为自身产品设计及开发的可持续发展提供系统化、制度化保障。

（2）保证产品设计的质量。通过设计、评价，能够有效保证设计的质量。在确定工作原理、结构方案、选择材料及工艺等各个阶段，都要进行必要评价，并依此做出决策。这样能够适时摒弃许多不合理、不经济或没有发展前途的方案，使设计始终循着正确的路线“发散—收敛”，从而提高设计效率，降低设计成本。

2. 设计评价的标准

设计评价应该在多方案的条件下才有意义，对多方案之间进行比较和评价，就需要建立统一适宜的评价标准，对产品设计而言，评价的标准是多样化的，它根据标准、用户需求、公司规范等的不同而不同，所以设计评价是一个多标准评价系统。

多标准评价的关键问题就是评价标准的分析与选择，解决这一问题的有效方法是构建评价标准树。标准树方法是分析评价标准的一种手段，是建立评价标准体系的基础。评价标准树的建立是用系统分析的方法对评价标准系统进行分解并图示而成的。将总的评价标准具体化，即把总标准细化为一些子标准，并用系统分析图的形式表现出来就形成了某个设计评价的标准树，如图2-33所示是一个评价标准树分析的示意图，Z表示总评价标准，Z_1、Z_2为Z的评价子标准，而Z_{11}、Z_{12}、Z_{13}为Z_1的评价子标准，Z_{14}、Z_{15}为Z_2的评价子标准，上述即实际评价项目。g_1、g_2、g_{11}、g_{12}、g_{13}、g_{21}、g_{22}表示评价标准对应的评价项目的加权系数，是反映不同评价项目对产品影响程度的一个参量。各评价项目的加权系数之和为上一级评价标准的加权系数，所有子评价标准的加权系数之和为1，即$g_1+g_2=g_{11}+g_{12}+g_{13}+g_{21}+g_{22}=1$。通过评价标准树的分析，使用者可以对评价体系有直观认识，对总标准、子标准、实际评价项目及其重要程度一目了然，使用起来十分方便。

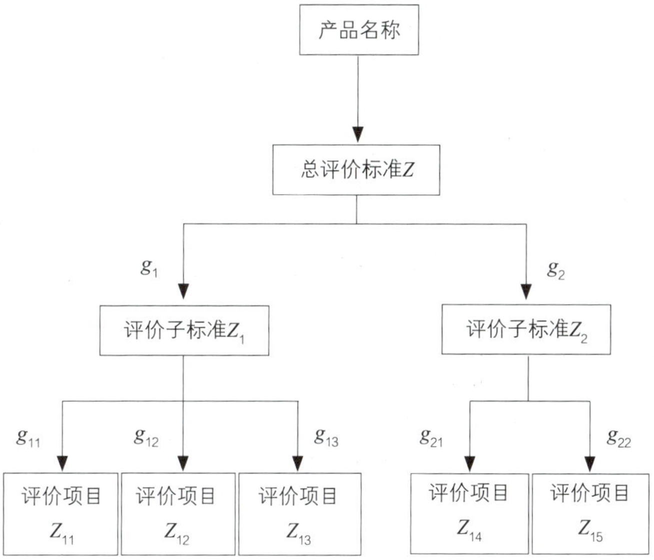

图2-33 评价标准树分析的示意图

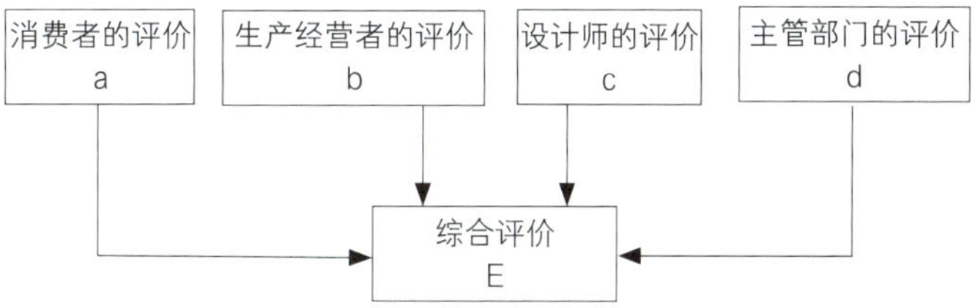

图2-34 综合评价

对于不同的设计对象和设计所处的不同阶段，评价标准的内容会有所区别，应选择最适合的内容建立评价标准体系，评价标准设定好之后，还要对标准树中的重要一项进行完善，那就是加权系数g。加权系数也称权重系数或权重，其数值越大表示重要性越高，加权系数之和取1，加权系数的数值可由经验确定，或者使用判别表法列表计算。

评价标准也是衡量产品设计是否有价值或有多少价值的准则，从某种程度上说，评价标准就是设计标准的转化，但在实际的产品设计评价中，因为设计目标并不总是定量的和明确的，通常是复杂的和模糊的，这就导致设计评价有以下分类标准。

从评价的性质可区分为：①定性评价：指不可以计量的评价项目，例如审美性、舒适性、创造性等。②定量评价：指可以计量的评价项目，例如成本、技术性能等。

从评价的过程又可分为：①理性评价以推理判断为主。②直觉评价以直觉和感性判断为主。

从设计评价的主体区分为：①消费者的评价，多考虑价格、功能性、安全性、可靠性、审美性等方面。②生产经营者的评价，多从成本、利润、可行性、生产周期和销售前景等方面进行评价。③设计师的评价，多从产品带来的社会效益、对环境的影响、宜人性、审美价值与人们生活方式的关系等方面进行评价，注重先进性和广义的功能性。④主管部门的评价，多考虑方案的先进性和社会性。理想的设计评价应综合四个方面的评价：F=（a,b,c,d），如图2-33所示。

二、设计评价的方法

产品设计评价的方法是广泛借鉴了管理学、运筹学、市场学、系统科学、决策理论、计算机虚拟技术、机械制造和通常的产品设计领域的评价方法综合而成的，对于不同的评价问题的范畴和性质以及不同的设计开发阶段，其方法的选

图2-34 眼动追踪技术

用也会有很大差异。下面列举几种常用的方法：

（1）经验类评价法用于方案不多、问题不太复杂时，依靠纯粹的直觉，根据评价者的经验，采用简单的评价方法对方案进行定性的粗略分析和评价。

（2）数学分析类评价法是运用数学工具进行分析、推导和计算，得到定量的评价参数的评价方法，多用于设计中技术、工艺、成本因素等的评价。

（3）实验类评价法指通过材料测试、使用测试以及商品试销等手段进行实效性评估，兼具定量与定性的成分，这种方法通常是在项目进程的后期进行，所得到的评价参数较之公式的数据更可信。

1. 经验类评价法

经验类评价法一般是指对产品设计方案的定性评价。定性评价是根据评价者对评价对象的主观观察和感性分析后，用语言描述的方式揭示被评价对象特征属性的过程，典型的评价方法有VTs评价法、系统分析法、满意度评价等。

评价者作为定性评价的主体，其能力和水平对于评价结果的客观性具有重要影响。对此，可利用感觉评价指数等方法对评价者的能力进行测评。此外，为使定性评价的过程有章可循及评价结果更具说服力，除需制定相应的评价标准外，还应对评价结果进行可信度验证。

2. 数学分析类评价法

数学分析类评价法属于定量评价的一种。主要是运用数学公式等，用数值对评价对象的特征属性进行描述的过程，从而对评价对象的价值进行定量判断。

这类方法常用于色彩方案和外形方案的评价。

（1）色彩方案评价。产品色彩方案的确定是一个复杂的过程，为避免过分依靠设计者的主观判断及更好地解决色彩确定过程中的模糊性因素，将以定量评价的方法对其进行确定，主要评价方法有粒子群算法、灰色关联分析、色彩调和理论、色彩空间分布等。

（2）外形方案评价。为使产品造型设计过程中的模糊性因素能得到较客观、全面的评价，将采用量化处理的方式对其进行确定，主要评价方法有模糊综合评价法、TOPSIS法、产品族评价法等。

根据数学模型进行方案的优选，能够注重整个过程的理性评价，但评价过程与用户的关联度较低，多以专家的意见作为评价依据。对此，为使评价的结果更加客观，除了保证权重值的客观确定外，还应使评价指标体系的构建具有典型代表性，目标群体的结构层次具有合理性。

3. 实验类评价法

实验类评价法主要通过眼动追踪试验、肌电测量及用户的使用性体验等方式进行。因实验评价法能够较客观地得到对产品的评价反馈，已成为产品设计过程中的重要评价方法，具体方法有眼动追踪实验、肌电测量、脑电测量、体压分布测试、体验性测试等。

对于产品造型方案的评价数据，可通过用户主观心理活动的外在表现方式获得。如利用眼动追踪技术，从注视点集中程度和热区分布情况对产品的造型方案进行评价，并归纳出指导产品造型设计的方法与规律。眼动追踪技术能够较直观地得到用户对产品的评价反馈，从而使产品的设计过程更具针对性（图2-34）。但上述试验仅从注视点集中程度与热区分布情况进行分析，而对于热点图、视线扫描路径、兴趣区域等方面缺少研究。为此，可基于多项眼动数据构建产品造型方案的优选模型，以克服单一眼动评价数据存在的局限性问题。此外，不同群体对于产品的关注区域也存在差异，需对与产品密切相关的群体有针对性地进行研究。

生理指标数据作为评价产品合理性的主要依据而被广泛应用。因体验性测试能客观得到用户的主观反馈而被广泛应用。试验过程中除了得到操作界面人机交互的信息反馈外，还能较客观地反映出用户操作时的心理状态。

本章小结

产品开发流程是企业开展构思、设计和商业化某一产品的一系列有序的步骤，一个好的开发流程有助于确保产品质量，促进团队以及不同部门之间的协调，本章主要介绍了企业在产品设计开发中采用的流程，先寻找设计机会，对产品进行设计规划，做完规划开始设计调研，从而确定设计定位，将设计概念表达出来，制作产品原型，最终对项目进行设计评价。

课后练习与思考

练习题：简述产品设计的流程。

思考题：假如你是一名企业设计师，企业需要设计一款热水壶，你会怎么做？

第三章 产品设计方法

PPT课件

本章导读

设计师掌握好的设计方法能够使设计方案事半功倍。本章主要介绍几种在产品设计中常用的设计方法，当设计师在进行设计活动时可根据不同的设计需求，选取适合的设计方法。除基本的概念流程介绍外，每一节都代入了相关的案例进行详细说明，以便于读者快速掌握相关内容。

第一节 发明问题解决理论——TRIZ

一、TRIZ理论概述

TRIZ，英文为Theory of Inventive Problem Solving，缩写为TIPS，中文译为发明问题解决理论。该理论是苏联根里奇·阿奇舒勒（Genrich S. Altshuler）（图3-1）及其领导的一批研究人员，自1946年开始，在分析研究世界各国250万件专利的基础上，提出的一套具有完整体系的发明问题解决理论与方法。研究人员发现，发明和创造方法应用的技术领域不同，但是其面临的问题和冲突具有相似性，将这些有关的知识进行精炼形成一种系统化的理论知识，可以指导其他人的发明与创造活动。TRIZ理论体系打破了人们思考问题的惰性，避免了创新过程中的盲目性和局限性。

图3-1 根里奇·阿奇舒勒

二、TRIZ理论的核心思想

TRIZ理论以其良好的可操作性、系统性和实用性对全球的创新和创造学研究领域起着重要作用。让我们来看以下案例：

案例一：电熨斗为什么可以将衣服熨平呢？衣服褶皱的原因是衣服上存在残留应力，弯曲面的内侧受压应力，外侧受拉应力，从而造成应力残留，使衣服的物料在外力的作用下发生形变，物料绷紧后无法自动松弛，才导致了褶皱。而当打开电熨斗开关时，储存在蒸汽熨斗里的水就流往高温烫板上，水遇热变为水蒸气。此时水蒸气使残留应力消失，就会往孔外喷，面板上的孔是按需要留的，往设计好的孔外释放，能起到把衣物烫好和保护衣物不被烫坏的作用。

案例二：如何从矿石中提取有价金属？如图3-2所示，电热冶金是利用电

图3-2 电热冶金

能转变为热能在电炉内进行提取或处理金属的过程。和一般火法冶金相比，电热冶金具有加热速度快、调温准确、温度高（可到2000℃），可以在各种气温、各种压力或真空中作业及金属烧损少等优点。

TRIZ的第一个核心思想是：同样的原理在不同的领域可以重复使用。上述两个案例来自于不同的领域，但是可以应用TRIZ创新设计方法中的同一条发明创新原理解决设计问题，相同的问题模型具有相同的解决模型。

阿奇舒勒在研究专利的过程中发现技术系统或产品的进化和发展不是随机的，是遵循着一定的客观规律的，而这些规律是不以人的意志为转移的，任何产品在创新发明后都会根据功能需要产生多次开发机会。也就是说，无论我们设计的产品是桌子、电冰箱还是切割工具，这些系统的改进和发展过程都是类似的，如功能会越来越丰富、自动化程度会越来越高等。

于是阿奇舒勒将技术系统进化和发展过程中遵循的规律和改进顺序进行了归类，集合成一条条进化法则和进化路线，每条法则代表技术系统在某一方面的发展趋势。这样，工程师在设计产品时，可以根据这些法则来预测产品下一步的发展方向，依据路线的提示进行产品的升级、换代设计和改进。这些法则就是TRIZ中的技术系统进化法则。

发明原理和技术系统进化法则是TRIZ体系中最初形成的两项工具，体现了TRIZ的两条核心思想，也是TRIZ体系中所有工具的精髓所在。

三、TRIZ理论体系

TRIZ理论包括众多系统科学而又有可操作性的创造性思维方法的分析方法。经过60多年的发展，TRIZ理论（图3-3）逐渐形成了一套解决产品开发实际问题的九大经典理论体系。

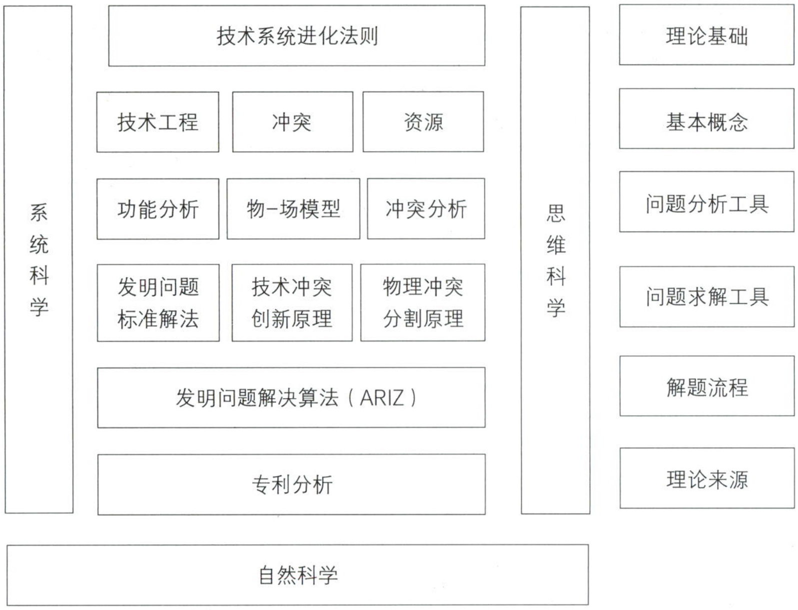

图3-3　TRIZ理论

TRIZ理论的九大理论体系主要包括如下内容。

1. 最终理想解

TRIZ理论在解决问题之前，首先要做到抛开各种客观限制条件，通过将问题定义为最终理想解（Ideal Final Result，IFR），来明确理想解所处的方向和位置，确保在问题解决过程中始终沿着此目标前进并获得最终理想解，因此避免了传统创新方法中缺乏目标的弊端，提高了创新设计的效率。

理想化方法是科学研究中创造性思维的基本方法之一。它主要是在大脑中建立理想的模型，将对象简化和抽象，使其上升到理想状态，再通过实验的方法来研究客体运动的规律。技术系统是功能的实现，同一种功能存在着多种技术实现方式，任何系统在完成人们所期望的功能的同时，也会带来不必要的功能。TRIZ中，是用正反两面的功能比较来衡量系统的理想化水平。

用理想度的表达式如下：

$$I=\frac{\sum \mathrm{UF}}{\sum C+\sum \mathrm{HF}}$$

其中，I为理想度；$\sum$UF为有用功能之和；$\sum$HF为有害功能之和；$\sum C$为有用功能的总花费。

这个公式比较好地反映了某种产品或技术系统的经济效益、社会效益、成本等因素的作用情况。

由理想度的表达式可以得出：技术系统的理想度与有用功能之和成正比；与有害功能之和成反比；理想度越高，产品的竞争能力越强。可以说，理想度是一个综合表达技术系统的成本、经济效益与社会效益的客观指标。它可以作为评估某项技术创新成果，评估某种引进技术，或者评估重大技术专项的重要评估指标。

2. 40个发明原理

阿奇舒勒对大量的专利进行研究、分析和总结，提炼出TRIZ中最重要的，最具有普遍用途的40个发明原理，指导使用者有效进行产品创新（表3-1）。

表3-1 40个发明原理

序号	原理名称	序号	原理名称	序号	原理名称	序号	原理名称
1	分割	11	预先应急措施	21	紧急行动	31	多孔材料
2	抽取	12	等势性	22	变害为利	32	改变颜色
3	局部质量	13	逆向思维	23	反馈	33	同质性
4	非对称	14	曲面化	24	中介物	34	抛弃与修复
5	合并	15	动态化	25	自服务	35	参数变化
6	多用性	16	不足、超额行动	26	复制	36	相变
7	套装	17	维数变化	27	廉价替代品	37	热膨胀
8	重量补偿	18	振动	28	机械系统的替代	38	加速强氧化
9	增加反作用	19	周期性动作	29	气动与液压结构	39	惰性环境
10	预操作	20	有效运动连续性	30	柔性壳体或薄膜	40	复合材料

3. 39个通用技术参数及经典冲突矩阵

在对专利的研究中，阿奇舒勒发现存在39个通用技术参数（表3-2），但这些专利都是在不同领域上解决矛盾与冲突的。通过对冲突的分析，在冲突表中去找可能的解，解是由40个发明原理所组成的。

表3-2 39个通用技术参数

序号	参数名称	序号	参数名称	序号	参数名称
1	运动物体的重量	14	强度	27	可靠性
2	静止物体的重量	15	运动物体作用时间	28	测试精度
3	运动物体的长度	16	静止物体作用时间	29	制造精度
4	静止物体的长度	17	温度	30	物体外部有害因素作用的敏感性
5	运动物体的面积	18	光照度	31	物体产生的有害因素
6	静止物体的面积	19	运动物体的能耗	32	可制造性
7	运动物体的体积	20	静止物体的能耗	33	可操作性
8	静止物体的体积	21	功率	34	可维修性
9	速度	22	能量损失	35	适应性及多用性
10	力	23	物质损失	36	装置的复杂性
11	应力或压力	24	信息损失	37	监控与测试的困难程度
12	形状	25	时间损失	38	自动化程度
13	结构稳定性	26	物质或事物的数量	39	生产率

4. 物理冲突和四大分离原理

当一个技术系统的工程参数具有相反的需求时，就出现了物理冲突。相对于技术冲突，物理冲突是一种更尖锐的冲突，创新中需要加以解决。物理冲突所存在的子系统就是系统的关键子系统，系统或关键子系统应该具有为满足某个需求的参数特性。但另一个需求要求系统或关键子系统又不能具有这样的参数特性。分离原理是阿奇舒勒针对物理冲突的解决而提出来的，分离方法归纳概括为四大分离原理，分别是空间分离、时间分离、整体与部分分离、条件分离。

5. 物场模型分析

物场模型分析是TRIZ理论中进行问题描述及分析的一种简捷有效的方法。大系统、子系统以及微观层次都具有其功能，所有的功能都可拆分为2种物质和1种物场。物场模型分析是一种重要的描述问题的工具，用来建立与已存在的系统或新技术系统问题相联系的功能模型。通过物场分析法描述的问题称为标准问题，通常采用标准解进行求解。

6. 发明问题的标准解

标准解是阿奇舒勒在1985年创立的，共76个标准解，分为5级，各级中解的先后顺序反映了技术系统进化方向，标准解可以将标准问题快速消化，标准解是阿奇舒勒后期进行TRIZ理论研究最重要的课题，也是TRIZ高级理论的精髓。同时，标准解还是解决非标准解的前提，非标准解主要运用ARIZ进行解决，而ARIZ的主要思路是将非标准解通过各种办法进行变化，转变为标准问题，然后应用标准解来获得解决方案。

7. 发明问题解决算法

非标准解问题主要运用ARIZ来解决。ARIZ是基于技术系统进化法则的一套完整解决问题的程序，它的思路是将非标准解通过各种方法进行变化，转化为标准解，然后应用76个标准解来解决。ARIZ的理论基础由以下三条原则组成：第一，ARIZ是通过确定和分析问题用技术手段解决发明问题，将其转化为一套连续过程程序；第二，问题解决者一旦采用ARIZ来解决问题，其惯性思维因素就要受到一定的影响；第三，ARIZ不断地获得广泛的、最新的科学知识和新技术基础的支持。

8. 技术系统八大进化法则

阿奇舒勒的技术系统进化论与自然科学中达尔文的生物进化论及斯本塞的社会进化论并称为“三大进化论”。技术系统的八大进化法则可以应用于市场需求、定性技术预测、产生新技术、专利布局和选择企业战略制定的时机等。它可以用来解决难题、预测技术系统，是产生并加强创造性问题的解决工具。

八大进化法则：

①技术系统的S曲线进化法则。

②提高理想度法则。

③子系统的不均衡进化法则。

④动态性和可控性进化法则。

⑤增强集成度再进行简化的法则。

⑥子系统协调性计划法则。

⑦向微观级和增加场应用的进化法则。

⑧减少人工介入的进化法则。

9. 科学效应和现象知识库

科学原理，不仅对发明问题的解决具有帮助，而且为技术创新提供方案来源。效应指应用本身或其他领域的有关定律解决涉及的问题，如采用电子、化学、物理等领域中的原理解决机械设计中的创新问题。

此外，TRIZ理论与其他方法相结合以弥补TRIZ理论的不足，已经成为设计领域的重要研究方向。例如，将质量功能展开QFD、TRIZ和稳健设计集成，能形成从产品定义概念设计到详细设计的强有力的支持工具。因此，三者的有机集成已成为设计领域的重要研究方向。

四、应用实例

1. 基于TRIZ理论的隧道巡检机器人优化设计流程

通过对TRIZ理论定义及一般解题步骤的分析，结合隧道巡检机器人的结构特点，总结适用于隧道巡检机器人优化设计的具体解题步骤（图3-4）。

分析问题阶段：对隧道巡检机器人进行需求分析和确定问题定义，进而运用TRIZ理论确定最终理想解，再通过系统分析和三轴分析确定隧道巡检机器人的问题模型。这时，隧道巡检机器人的问题已完全转化为TRIZ专业术语描述的问题模型。

解决问题阶段：定义出隧道巡检机器人的技术矛盾、物场分析以及S曲线分析，然后进行优化设计，确定不同方向的优化方案并不断改进和完善。

方案验证阶段：建立隧道巡检机器人方案评价系统，对隧道巡检机器人问题进行方案评价，检

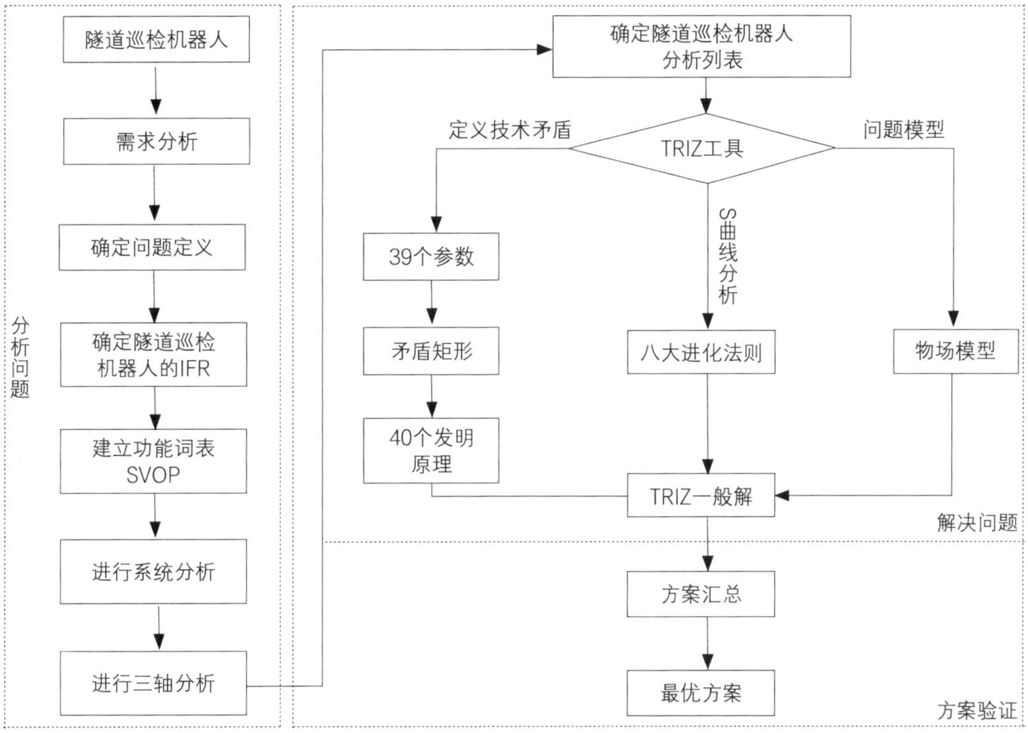

图3-4　基于TRIZ理论的隧道巡检机器人优化设计流程图

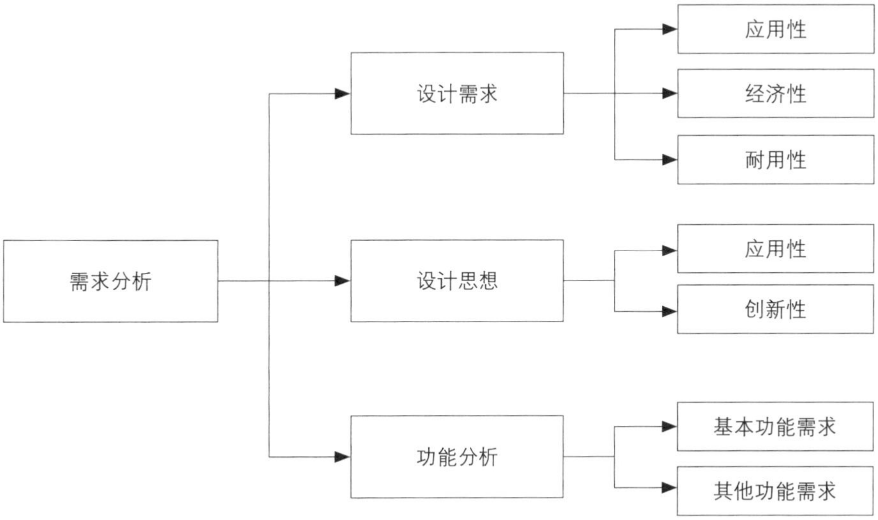

图3-5　隧道巡检机器人需求分析

验上述提出的方案是否为可行方案。

2. 基于TRIZ理论的隧道巡检机器人问题分析

（1）隧道巡检机器人的需求分析。隧道巡检机器人工作环境处于地下的隧道或管道，功能是监测和巡视，可以提高巡检效率、降低人工成本。这就要求隧道巡检机器人要适应地下特殊环境，要具有可批量生产的条件，需有监控摄像、影音播放、温控监测、智能操作等功能，外观上要适应环境、符合人机工程学（图3-5）。

（2）隧道巡检机器人的技术问题分析。隧道巡检机器人的原理是通过传感器收集信息，再将环境信息传输到后台显示终端，以智能机器人代替人工巡检。结构主要为底盘模块、安全防护模块、前端搭载模块、可见光检测、红外热成像仪、局部传感器、轨道部分、通信部分、后台监控部分、供电部分。

隧道巡检机器人的原理和结构的缺点是信号强度不易控制、传输有延迟、操作烦琐，需要专业人士指导进行，监测信息不全面，监测角度不够灵活。

（3）隧道巡检机器人最终理想解的确定。通过以上对隧道巡检机器人系统技术问题的分析，确定隧道巡检机器人的最终理想解为：摄像可旋转升降使监测角度全面，监测信息全面，传输不延迟。

（4）隧道巡检机器人功能描述SVOP的建立。系统（S）+动作（V）+对象（O）+行为（P）表示功能描述，隧道巡检机器人SVOP功能描述如表3-3所示。

表3-3 SVOP的建立

SVOP描述（系统外因素）	SVOP描述（系统内因素）
温度、湿度	摄像分辨率、变焦
空气环境损害机器	红外热成像仪灵敏度、精度
通信宽带	巡检速度

（5）隧道巡检机器人系统分析。

①监测角度不全面。

原因：摄像头旋转件角度不全面，轨道单一使摄像范围受限；环境复杂有死角。

因果分析：摄像头支架无法全方位旋转；轨道修建规划不完整；隧道修建规划复杂。

根本原因：隧道巡检机器人的摄像机支架和轨道设计过于固定。

②监测信息不完善。

原因：相对应的传感器少；对于不在监测范围内的信息无法监测，无法灵活筛选信息。

因果分析：产品的传感器设计少；产品不能智能监测。

根本原因：产品初始传感器设置少，不够智能。

（6）隧道巡检机器人三轴分析。隧道巡检机器人的问题分解采用三轴问题分析法，如表3-4所示，问题分析沿着流程时序轴、系统层次轴和因果关系轴对初始问题进行分析与重定义，将复杂的问题分解成多个子问题，帮助工程师发现隐藏在表层问题背后的真正问题，充分利用系统资源的途径。

表3-4 隧道巡检机器人三轴分析

系统资源	物质资源	能量资源	时间资源	空间资源	功能资源
当前系统	隧道巡检机器人	电能、机械能、化学能	机械寿命	隧道巡检机器人的空间	滑轨滑行、摄像红外记录
系统过去	巡检人员	人	人的寿命	人的空间	步行、感官
系统未来	隧道智能巡检机器人	电能	机械寿命	摄像头、红外的空间	无轨道智能行驶、信息可自主处理
超系统	空气、隧道顶	化学能、热能	—	机器人可变化空间	可监测的空气、隧道顶
超系统过去	隧道顶	化学能、热能	—	机器人空间	空气、隧道顶
超系统未来	可监测空气	化学能、热能	—	分散到空气的空间	可监测的空气
子系统	摄像头、红外热成像仪、传感器	化学能、机械能	机械寿命	占有空间	监测、感受、传感
子系统过去	检测员	化学能	人的寿命	占有空间	监测
子系统未来	摄像头、红外热成像仪、传感器一体化	电能、机械能	机械寿命	占有空间	智能监测、处理

3. 基于TRIZ隧道巡检机器人优化方案设计

（1）隧道巡检机器人优化方案。起初构建有轨和无轨两个方向的方案（如方案1和方案2），然后通过分析对其不断进行优化，使其朝着最终理想解的方向前进。

优化方案1：巡检机器人以蜘蛛为原型设计，拥有多个足部支架，支架可旋转，摄像、红外热成像仪等传感器设置于足部，便于摄像监测多角度进行，也避免单个传感器引起的局部测试的不足。

优化方案2：智能巡检机器人，操纵界面简单，无轨道行驶，后台操控行驶路线。

（2）隧道巡检机器人技术矛盾分析。

技术矛盾1：以蜘蛛为原型，采用多个足部支架连接多个摄像仪器，改善了“测试精度”，但是恶化了“装置的复杂性”。

技术矛盾2：无轨道行驶增加了“自动化程度”，但是恶化了“运动物体的能量”。

为了解决这两对技术矛盾，我们通过矛盾矩阵（表3-5）查找，在竖着的一列找出想要改善的参数，再在横着的一行找到被恶化的参数，两行（列）相交的格子就是处理这对矛盾时以往用得最多的解决原理。如表3-5所示，可知解决技术矛盾1所适用的创新原理为原理27、原理35、原理10；如表3-6所示，解决技术矛盾2所适用的创新原理为原理2、原理32、原理13。

表3-5 矛盾矩阵对照表（部分）

改善的参数	恶化的参数			
	可维修性	适应性及多用性	装置的复杂性	监控与测试的困难程度
测试精度	1,32,13	13,35,2	27,35,10	26,24,32
可靠性	25,10		26,2,18	

表3-6 矛盾矩阵对照表（部分）

改善的参数	恶化的参数			
	温度	光照度	运动物体的能量	静止物体的能量
自动化程度	36,2,19	8,32,19	2,32,13	
生产率	35,21,28	26,17,19	35,10,38	1

（3）创新原理的分析。通过对以上7个创新原理的分析，最后得到解决系统技术矛盾的提示和原理，经过分析对比，得到可用于隧道巡检机器人的原理有：2抽取原理、32改变颜色原理、35参数变化原理（表3-7）。

表3-7 创新原理分析

原理序号	原理名称	原理分析
2	抽取原理	1. 将物体中“负面”的部分或特性抽取出来 2. 只从物体中抽取必要的部分或特性
32	改变颜色原理	1. 改变物体或周围环境的颜色 2. 改变难以观察的物体或过程透明度或可视性 3. 采用有颜色的添加剂，使不易观察的物体或过程易被观察到
35	参数变化原理	改变物体的物理、化学状态，浓度、密度、柔性、温度等

（4）隧道巡检机器人具体优化设计方案。根据原理2（抽取原理）描述“只从物体中抽取必要的部分或特性”，可将繁复的部分如多个摄像头去掉，只保留必要的部分即驱动主体、摄像头。

根据原理32（改变颜色原理）“采用有颜色的添加剂，使不易观察的物体或过程易被观察到”，可将产品部分使用鲜亮的颜色，使产品容易被注意到，同时提升产品美观程度。

根据原理35（参数变化原理）描述“改变物体的物理、化学状态，浓度、密度、柔性、温度等”，可改变产品的物理状态，使产品的体积减小、重量降低，降低运动消耗。

基于以上提示，得到优化方案3：在主体驱动部分下连接可360°旋转、可折叠支架，方便调节高度和角度，支架连接摄像、红外热成像仪等传感器，使用滑轨滑动，智能操作，部分颜色鲜明，体积小。

（5）隧道巡检机器人物场分析。对隧道巡检机器人进行物场分析，步骤如下：

①明确问题部位：要保证监测的清晰度，就要增加隧道或管廊的亮度，一旦环境亮度不足，就会出现监测效果不好的现象。

②建立物场模型：由于环境亮度S_1对监测效果S_2造成了一定程度的影响，因此采用虚线连接，如图3-6（a）所示。

③应用标准解法：通过查询物场分析的6个一般解法可知，当分析的技术系统模型为效应不足的完整模型时，其一般有两种解决方法：解法1是增加另外一个场F_2来强化有用效应；解法2是引用一个物质S_3并加上另一个场F_2来提高有用效应。

通过分析，可以在产品上增加照明系统F_2，以便应对光线差的环境。建立新的物场模型如图3-6（b）所示。

在优化方案3的基础上构造出优化设计方案4：隧道巡检机器人分为驱动结构、支架结构、监测结构以及滑轨结构，驱动体积减小，支架可旋转升降折叠，双摄像保证拍摄角度全面，在监测结构上加照明系统以适应黑暗环境。

（6）曲线+进化路径分析。通过将隧道巡检机器人技术系统的性能参数等四项参数性能与S曲线各阶段特点图表进行比较分析，可以确定其现在所处的生长阶段为成长期（图3-7），处于成长期的技术系统进行优化设计所适用的进化法则包括以下几点：

①运用高度理想法则对隧道巡检机器人进行优化设计。设想隧道巡检机器人可以高度智能化，

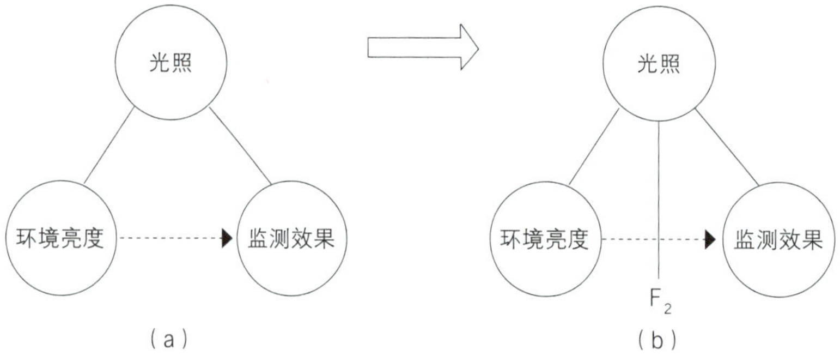

图3-6 隧道巡检机器人物场分析模型

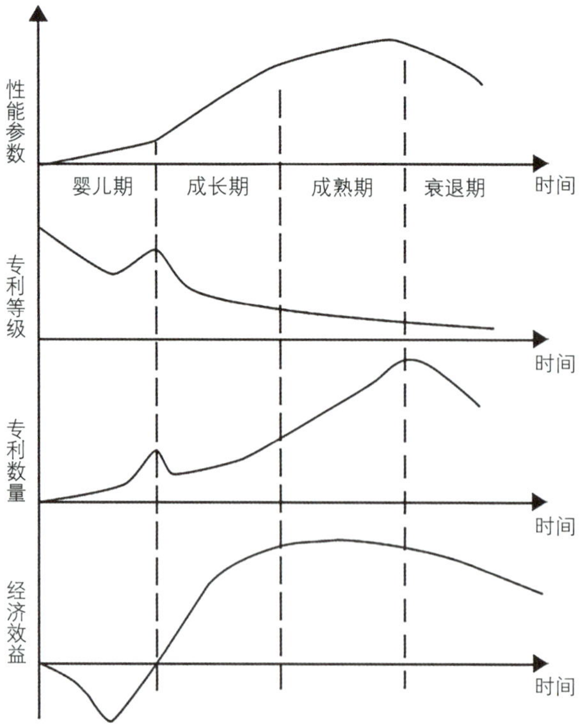

图3-7 技术系统所处时期各项指标关系图

在巡检过程中，如果发现严重问题可以自动报警。因此得到优化方案5：增加报警功能，当巡检机器人监测到危险情况时可以自动报警，以提醒周围人员撤离。

②运用动态性进化法则对隧道巡检机器人进行优化设计。动态性进化法则的进化是沿着结构柔性、可控性增加的方向发展，提高系统的高度适应性，系统向提高频率匹配性方向跃迁。因此，滑轨设计与此符合，保留滑轨设计。

③运用系统不均衡进化法则对隧道巡检机器人进行优化设计。子系统不均衡进化法则的进化方向是改进进化最慢的子系统，系统表面向精细的轮廓表面进化。基于此启示，可以得出优化设计方案6：将摄像和红外热成像仪等监测仪器组装在一起，使得监测部分外观更加流畅。

4. 隧道巡检机器人设计方案评价及确定

（1）TRIZ理论评价原则。对TRIZ进行评价的方法主要是考察它是否以较少的成本和较低的复杂性成功改善了技术系统的主要有用性能，同时有效地避免了技术系统已有或新生缺陷的产生。若某个方案完全符合评价原则的基本标准，则表明该解决方案满足TRIZ理想度法则，若没有完全符合的方案，越接近这些指标标准的方案即为最理想的方案。

（2）隧道巡检机器人优化方案评价指标的确定。通过以上建立的需求分析表，以及TRIZ理论中提高理想度的评判标准，可以得到对隧道巡检机器人优化方案进行评价分析的系列指标，分别如下：

①基本功能：监测功能，代替人力监测隧道或管道的情况。这是评价的根本指标。

②质量：产品质量的好坏关系到企业的生存和发展，也关系到消费者的权益，故而将质量指标作为评价指标的第二指标。

③成本价格：本产品价格相对较高，消费者一般是企业、单位等用户，价格也是用户在购买时十分注重的因素。

④操作便捷性：操作便捷可以使企业无须单独的劳动力来操作机器，节省人力。

⑤复杂性：产品复杂性增加，无形中会增加装配难度以及零件的成本，对产品制造周期以及价格都有不利影响。

⑥耐用和维修服务：用户在购买时会充分考虑耐用性和维修服务，来保障整体运作的流畅性。

⑦形态与美观：外观美观可以使消费者更愿意选择这款产品。

（3）基于TRIZ的隧道巡检机器人优化设计方案确定。将上述的优化设计方案6带入评价系统中，检验该方案是否符合各项评价指标。

结果表明，优化设计方案6适合于隧道和综合管廊，其造型饱满圆润，打破传统隧道机器人外形模式，通过高清摄像机、红外热成像仪搭配可升降云台、折叠机械臂，实现全方位、全时段、立体式的巡查和监测，提高巡检效率，节省人力物力。最终优化方案如图3-8~图3-11所示。

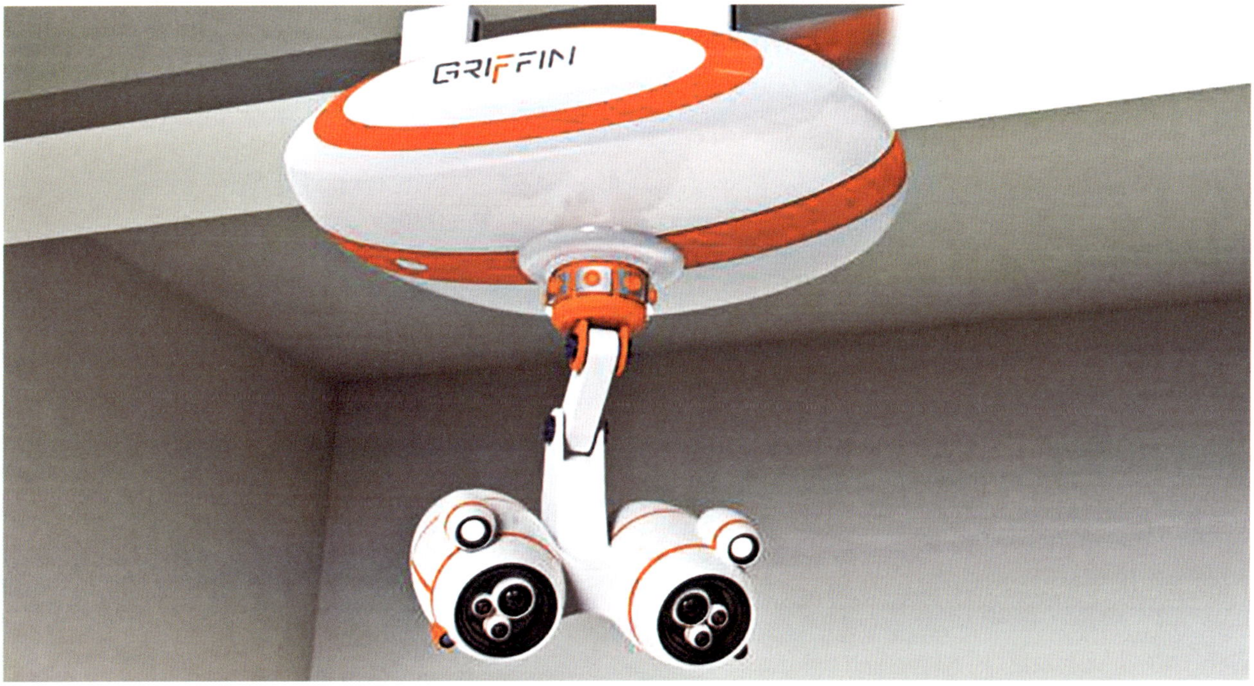

图3-8 隧道巡检机器人最终效果图

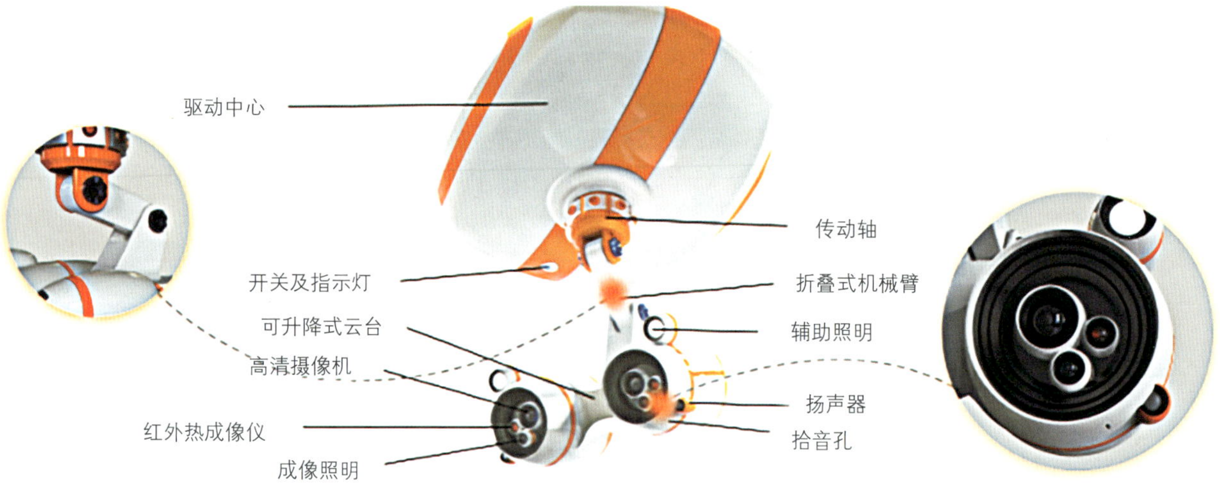

图3-9 隧道巡检机器人结构组成示意图

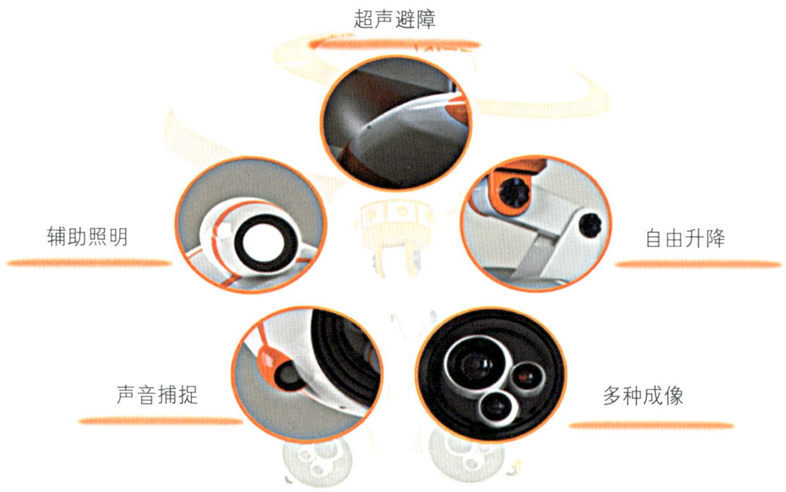

图3-10 隧道巡检机器人功能展示图

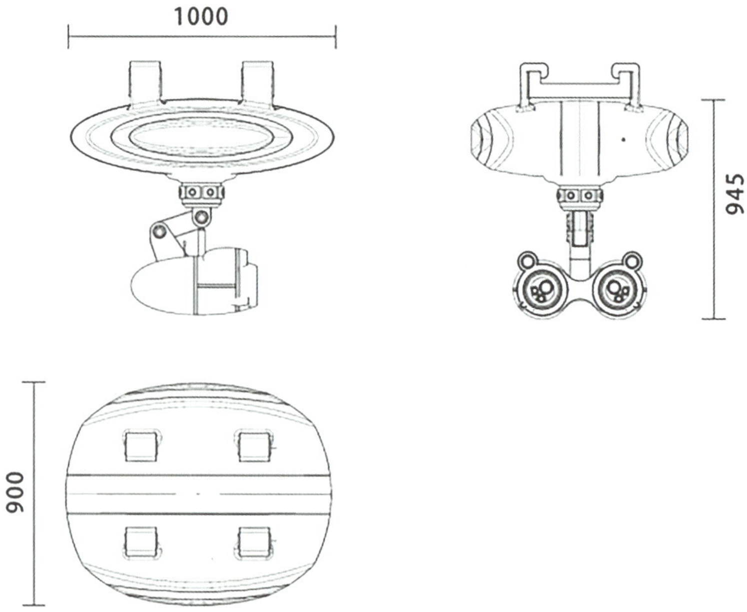

图3-11 隧道巡检机器人尺寸图 单位：mm

第二节　仿生联想法

仿生设计学也可称为设计仿生学（Design Bionics），是在仿生学和设计学基础上发展起来的新兴边缘学科，涉及领域非常广泛。仿生设计主要研究大自然中生物的外形、结构、色彩、功能、肌理等方面并将其运用在工业产品的设计中。仿生学作为产品外形仿生设计的基础，以模仿生物系统的功能原理和行为特征来构造技术系统，将自然、社会中优越的系统性能应用到人造系统中去，提高产品设计中的外形、功能、结构等设计要素。由此，仿生学在产品设计领域的应用也随之而生。1988年在德国召开了首届国际仿生设计研讨会，标志着仿生设计的全面兴起。在此次会议中，学者们就“生命与形态”“功能与形态”两个主题展开了对自然社会的探索，会议研讨成果极大地促进了仿生设计的发展，也对今后工业设计领域的发展方向产生了一定影响。

一、仿生设计学的类别

1. 形态仿生设计

仿生物形态的设计是在对自然生物体，包括动物、植物、微生物、人类等所具有的典型外部形态的认知基础上，寻求对产品形态的突破与创新。

仿生物形态的设计是仿生设计的主要内容，强调对生物外部形态美感特征与人类审美需求的表现。

如图3-12所示，从造型来说，这组灯具的设计灵感来自萌芽的柳树，能使用户沉浸在春意盎然的活力景象中；串球形灯泡旋转地镶嵌在圆柱形木质灯架上，仿佛一排嫩芽从柳枝上冒出了头。落地灯的灯架微微倾斜，如同站立在池塘边的柳树。水平吊灯的球形灯泡给人以向两端无限生长的生机勃勃之感。垂直吊灯则像马上要垂入水面的枝条，仿佛能随风摆动。球形灯泡的大小、数量、间距和排列方式，木质灯架的粗细、长短和角度，都经过精妙的设计，才造就了比例和谐的灯具。这样的优美造型，使柔和的光线在地板、墙壁和天花板上投射出螺旋形态的光影效果。

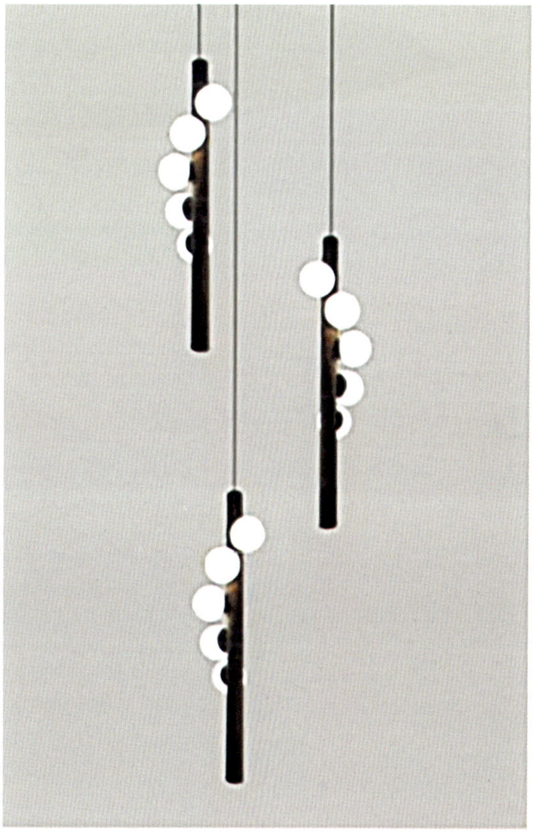

图3-12　灯具

2. 功能仿生设计

功能仿生设计主要研究自然生物的客观功能原理与特征，从中得到启示以促进产品功能改进或新产品功能开发。产品的功能仿生是指通过研究生物体和自然界物质存在的功能原理，改进现有的或创造新的技术系统。

如图3-13所示，这款海洋仿生垃圾处理装置，模仿海洋生物吞噬食物的过程，将漂浮在海洋上面的垃圾进行处理。启动开关，储存在清洁器后端的蓄电池输出电量，螺旋桨旋转加速前行。到达海洋漂浮垃圾的聚集地，切割泵运作吸纳漂浮的垃圾进入泵内，泵内锯齿可以搅碎缠绕的渔网或塑料垃圾，防止泵内堵塞，然后输送到内部储存箱，储存箱底面有专门清理海水的过滤网，通过把海水过滤干净后进入输送通道，把海水输送回大海。在返程后，通过后方弹簧按钮打开机器，推拉垃圾储存箱取出垃圾。

图3-13 海洋仿生垃圾处理装置

3. 结构仿生设计

生物结构是自然选择与进化的重要内容，是决定生命形式与种类的因素，具有鲜明的生命特征与意义。产品的结构仿生是指人们研究生物整体或局部的结构构造和组织形式，总结规律和特征，并将其应用于产品设计的过程。结构仿生设计通过对自然生物由内而外的结构特征的认知，结合不同产品概念与设计目的进行设计创新，使人工产品具有自然生命的意义与美感特征。

如图3-14所示，是一对采用了蝶翼结构的椅子，该款椅子线条柔美，在视觉上给人一种轻盈感。借鉴蝴蝶翅膀的自然结构作为椅子的主要结构支撑，提高了椅子的强度。

图3-14　蝴蝶椅

4. 肌理仿生设计

产品的肌理仿生是指在产品设计时，从自然物、材料（例如天然的石材、植物纤维和动物表皮等）中寻找可借鉴的材料组织构造以及表面肌理特征加以应用。

如图3-15所示，从材质来说，设计采用了古式吊灯中比较常见的木质材料，而形态上则采用鱼类鳞片这一肌理，总体效果呈现出一种复古感，非常符合年轻人所追捧的怀旧风、复古潮。

图3-15 吊灯

5. 色彩仿生设计

产品的色彩仿生是人们在自然色彩客观认知的基础上，将自然界丰富的色彩形式按照一定的艺术手法应用到产品外形创新设计中的重要设计方法。如图3-16所示，从造型来说，外观是这款键盘最吸引人的地方，有别于传统机械键盘的方形键帽设计，采用了圆形键帽设计，这样的键帽设计也与早期的打字机键盘相同，让人们更容易将这款产品与打字机联系起来。而参照了眼影盘、口红等彩妆外观的颜色是让这款键盘更加亮眼的重要原因，也是让其摆脱传统打字机的复古感的重要因素。

图3-16 键盘LOFREE洛斐

二、产品仿生设计的过程

通常来说，仿生设计的出发点不同，其设计过程就不同，根据其出发点可分成两种类型。

1. 确定课题任务后的仿生设计

第一类，确立设计任务后，即已确定需设计的产品，由设计要求出发，根据产品的形态、功能、语义等方面来选取与其相匹配的生物，进行生物特征元素的提取，将生物中合适的形态、色彩及其所包含的情感因素赋予产品中，最后产出设计方案（图3-17）。在第一种设计方案中，适用于已经确定好的课题项目当中，比如在企业提出要进行新品的研发，其功能用途已经确认好，在造型、色彩、材质等方面进行设计时，为拉近用户与产品的距离，会选择仿生设计赋予产品一些造型及情感要素。在选择被仿生物时，要选择一个能体现产品的功能、语义等要素的生物，然后进行简化等方法处理，提取可用因素，从而进行产品的外形、色彩等因素的设计。

2. 未确立研究课题所进行的仿生设计

先不确定研究课题的产品是什么，将所感受到的生物形态、色彩等进行研究，经过简化、几何化、抽象、线条提取等方式进行处理，并将生物体的特征从造型形态、材料质感、颜色搭配等几个要素中分别提炼出来，再根据这些要素进行产品匹配，使生物特征与产品融合，进而产出设计方案（图3-18）。该方法常应用于两个场景：第一个场景，给定一个生物主题，进行方案的发散设想，锻炼设计师的造型提取及运用能力；第二个场景，运用在相关特定的主题设计中观察特定生物的各种形态、行为习惯、生活方式等，然后提取其最主要特征，进行产品匹配，进而产出以一个生物为原型的系列衍生品。

无论在哪一种仿生设计程序中，合理地提取生物原型的形态特征，都是极为关键的步骤。生物选取的是否恰当，决定了产品造型要素是否表达。在选取生物之后，如何提取生物的特征要素也是非常关键的步骤。

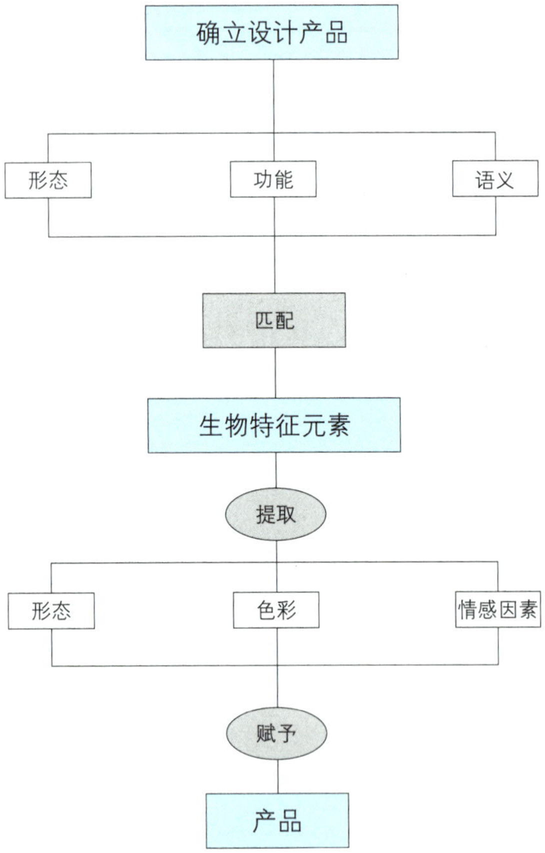

图3-17 仿生设计流程图（一）

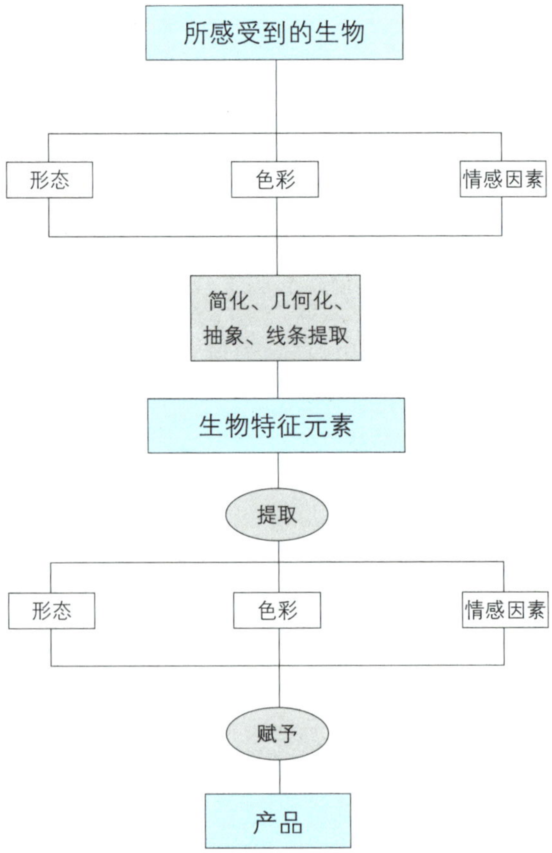

图3-18 仿生设计流程图（二）

三、仿生联想法

仿生联想法通常用到的是仿生设计类别中的意象仿生设计，需要根据人们以往的生活经验进行联想，从而产生一定的生理、心理效应，达到对意象仿生产品的情感共鸣。通过意象仿生设计出来的产品，往往具有特定的文化特征和情感表达。

仿生联想包括两个方面：一方面是从生物系统的生理机能和结构特性联想出创造对象，属于仿生创造；另一方面是从生物的生存状态联想构思出艺术作品，属于仿生创作。

仿生联想的过程

仿生联想一般是由生物的某种现象和有待于解决的问题共同形成的。通过人们平时发现的某种等待解决的问题，设计者对此产生联想，根据所需的产品特性提取相对应的生物元素，如图3-19所示是一款仿生（仿天鹅）LED台灯。

但是，如果只有生物的某种现象，而没有要解决的问题和创造的欲望，也就不可能产生仿生联想。因此就要求我们在日常生活中勤于观察，善于发现，勤于联想。

（1）创造模型。首先从自然中选取研究对象，然后依此对象建立各种实体模型或虚拟模型，用各种技术手段（包括材料、工艺、计算机等）对它们进行研究，做出定量的数学依据；通过对生物体和模型定性的、定量的分析，把生物体的形态、结构转化为可以利用在技术领域的抽象功能，并考虑用不同的物质材料和工艺手段创造新的形态和结构。

①从功能出发、研究生物体结构形态——制造生物模型。找到研究对象的生物原理，通过对生物的感知，形成对生物体的感性认识。从功能出发，研究生物的结构形态，在感性认识的基础上，除去无关因素，并加以简化，提出一个生物原型。对照生物原型进行定性分析，用模型模拟生物结构原理。目的是研究生物体本身的结构原理。

②从结构形态出发，达到抽象功能——制造技术模型。根据对生物体的分析，得出定量的数学依据，用各种技术手段（包括材料、工艺等）制造出可以在产品上进行实验的技术模型。牢牢掌握量的尺度，从具象的形态和结构中，抽象出功能原理。目的是研究和发展技术模型本身。

图3-19 仿生LED台灯

（2）可行性分析。建立好模型后，开始对它们进行各种可行性分析与研究：

①功能性分析。找到研究对象的生物原理，通过对生物的感知，形成对生物体的感性认识。从功能出发，对照生物原型进行定性分析。

如图3-20所示的高脚杯，杯内设一个鲨鱼形态的小部件，当倒上酒后，酒水就被看作鲨鱼生活的“环境”，同时这个“鲨鱼”也是具有实用性的，它可以作为一个度量刻度供人们在倒酒时参考。

②外部形态分析。对生物体的外部形态分析，可以是抽象的，也可以是具象的。在此过程中重点考虑的是人机工学、寓意、材料与加工工艺等方面的问题。

如图3-21所示，这个沙发床在外观设计上参考了鸟巢的形态，沙发靠垫采用了鸟蛋的外部形态。此设计隐喻了这个沙发床将带给人鸟巢于鸟类而言的港湾一样的舒适性和可靠性。

③色彩分析。进行色彩分析的同时，也要对生物的生活环境进行分析，要研究为什么使用这种色彩以及在这一环境

图3-20 “鲨鱼”酒杯

图3-21 沙发床

下使用这种色彩的功能是什么。

如图3-22所示的水杯采用了仙人掌的形态，同时在颜色上也选择了寓意着希望的绿色，结合水杯的玻璃材质，给人一种清凉感。

④内部结构分析。研究生物的结构形态，在感性认识的基础上，除去无关因素，并加以简化，通过分析，找出其在设计中值得借鉴和利用的地方。

如图3-23所示的台灯采用的是一只剥开皮的香蕉的形态，“香蕉皮”作为支撑“果实”的灯柱，整体设计给人一种风趣感。

⑤运动规律分析。利用现有的高科技手段，对生物体的运动规律进行研究，找出其运动的原理，针对性的解决设计工程中的问题。

图3-22 仙人掌咖啡杯

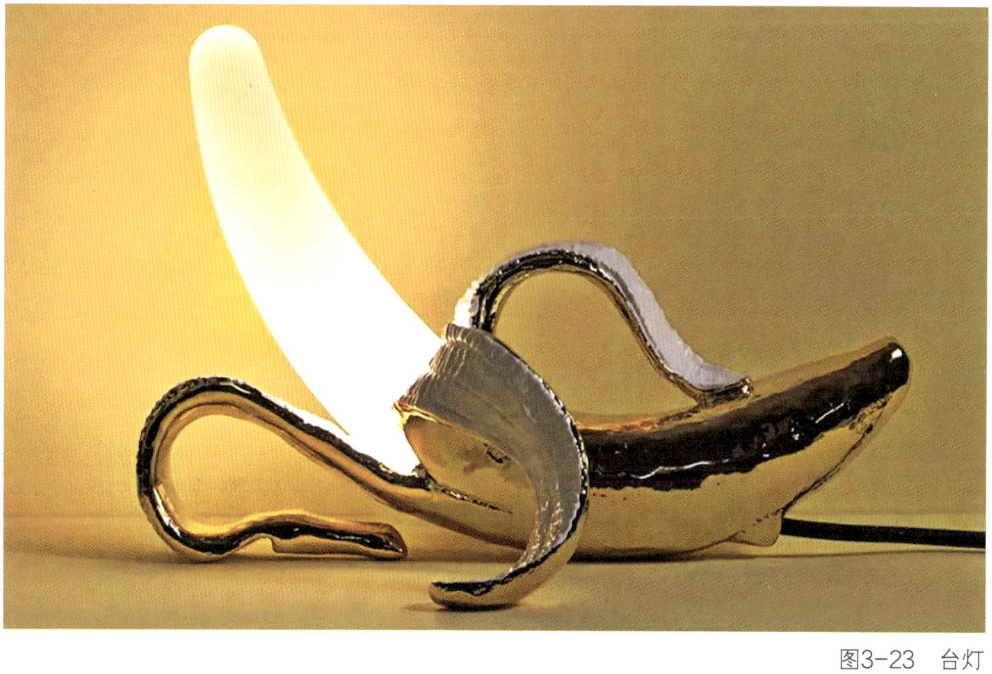

图3-23 台灯

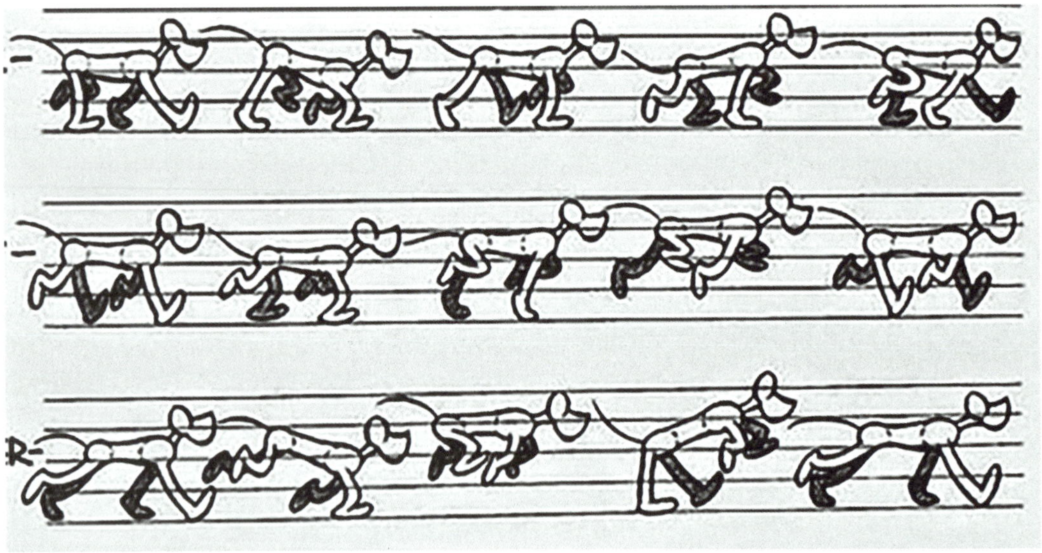

图3-24 狗走路运动规律

如图3-24所示的狗走路运动规律图，可以用来研究狗的行走习惯，能够用在协助狗运动的产品研发上。

四、应用实例

1. 设计背景

（1）后疫情时代，人们对健康卫生越发重视。疫情给全球人民的生活带来了巨大影响，同时也让人们的生活方式发生了巨大改变，特别是在卫生安全方面，越来越多的家庭注重日常饮水的卫生；这种趋势在后疫情时代依然会持续。

（2）生活质量上升，人们对产品美学的要求不断提高。越来越多的人开始重视精神上的享受，这种重视不仅体现在文娱活动上，也体现在对日常生活用品美学要求的不断提高上（图3-25、图3-26）。

图3-25 产品设计造型美观（一）

2. 现有问题

（1）家用滤水壶视觉审美有待提升。传统的滤水壶千篇一律，外观不具有革命性的创新，无法较好地满足当代人对产品的审美需求（图3-27、图3-28）。

（2）存在水资源浪费问题。传统滤水壶附有一个接水盘，但是随着接水次数增多，接水盘内的水没多久就积满了，久而久之就会造成水资源的浪费，且接水盘难以清理（图3-29）。

3. 改进方式

首先针对传统的滤水壶外观千篇一律，无法满足现代人审美需求的问题，需要在外观上打破传统滤水壶的固有形态，跟进年轻人所喜爱的产品外观风格类型。其次，为解决现存的水资源浪费问题，应该在传统的滤水盘上做出创新和改进，对滤水壶的内部结构进行创新设计。

4. 改进方案

该滤水壶采用意象仿生设计法，取自然界水循环（图3-30）、自然滤水的概念与家用滤水壶相结合，如图3-31所示，产品整体造型优雅、简洁且独具匠心，能给用户带来富有情趣的审美体验。

图3-26 产品设计造型美观（二）

图3-27 传统滤水壶（伊鸣）

图3-28 传统滤水壶（碧然德）

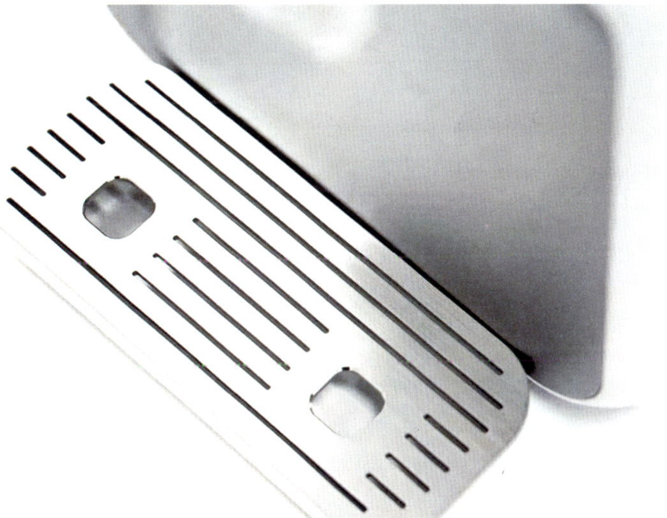

图3-29 传统滤水壶的接水盘

图3-30 自然界水循环

图3-31 滤水壶效果图（一）

图3-32 滤水壶效果图（二）

为解决传统滤水壶水资源浪费的问题，该产品除了保留市面现有滤水壶的滤水加热功能外，在滤水盘上进行了创新，使其与水箱上盖融为一体，可以使每次使用后的滴水直接流入水箱之中，从而实现水循环，将绿色设计的观念贯彻其中（图3-32）。

该滤水壶的工作原理如图3-33和图3-34所示，水经过电池加热成热水，液晶触控操作屏，可以控制接水的温度和量，同时对水质进行实时掌握，需要喝水时，把杯子放在滤水盘上，水通过送水臂从出水口流出，当杯子被拿走时，多余的水滴在滤水盘上的收集槽中，经过滤芯重复利用，减少了水资源浪费，实现了水循环。

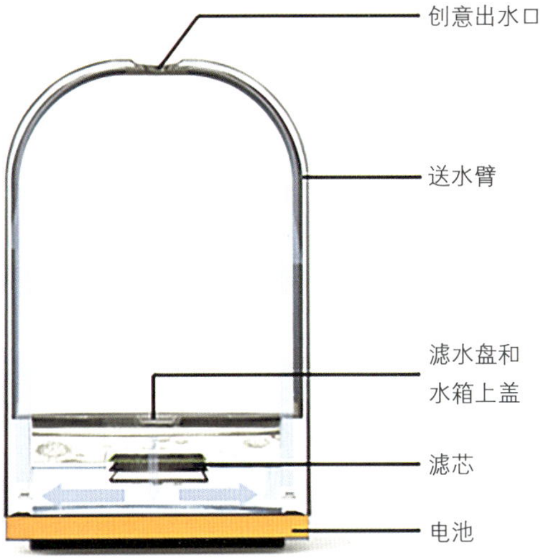

图3-33　工作原理图

图3-34　操作屏

图3-35　加热和送水装置

图3-36　充电口设计

5. 最终效果

加热和送水装置，能够将过滤后的水送入出水口，在有需要时可以将水进行加热（图3-35）。充电口为磁吸式，设置在滤水器后方（图3-36）。整体效果如图3-37所示。

图3-37　滤水壶整体效果图

第三节　情境故事法

讲故事是日常生活中学习和交流的重要方式之一，这种方式可以帮助我们有效地存储、提取和再现信息。对于工业设计来说，情境故事“讲述”同样也是一种重要的设计方法。因此，本节将使用情境故事法，通过想象描述未来产品的使用情境，探讨分析人与产品的互动关系。

一、情境故事法的概述

1. 情境故事法的概念

情境故事法是依照时间顺序，串联人、事、时、地、物等事件片段的一种设计方法。情境故事法基本上就是以使用者为中心的设计。故事板，即情境故事法或剧本设计法，是以用户体验为核心的、产品使用情境构建的设计方法之一。其主要目的是将使用者的特性、事件、产品与环境之间的关系，通过想象描述未来产品的使用情境，探讨分析人与产品的互动关系；而后不断以视觉化的方式及实际经验，围绕设定主题创建故事板、情境板，引导参与的设计师，从使用者及使用情境的角度，来探讨产品构想与设计主题，以创造出充满感情且具有同理心的产品。情境故事法中的内容，一定要包含视觉的成分，因为它们是表达设计构想的主要工具，同时也是表达人与产品互动关系的要件。情境故事法没有深奥的理论，虽简单易用，但在实际应用上，无论是简单的儿童玩具，还是复杂的消费电子，均有良好的效果，因为情境故事法能够站在人们容易理解的角度，即具有同理心的角度，向使用者讲述产品。

2. 同理心

同理心是共情、神入，可以称为换位思考，是一种站在对方的立场设身处地思考问题的方式。对于设计师来说，同理心是有针对性的目标用户，通过代入式的体验来理解一个人或一群人的主观经历，站在对方的角度去考虑别人的想法和行为，从而让设计师深刻理解用户，且保证设计的客观性。

如柯尼卡公司设计其相机时，首先要进行对象的日常行为分析，做出故事板。它先假定对象人的年龄、名字以及职业，分析他的家庭、喜好与憎恶，分析他的日常行为，进而考察他在什么场合需要相机，从而为设计提供概念与目标。经过分析，设计师有了明确的概念与目标，并随情境信息的交互产生了创造力。

同理心带领我们走进每个人的内心世界，换位思考让我们了解到自身行为和对方思想上的错误，并能快速分析错误原因。于是，我们知道如何去改变我们的行为并引导客户避免错误思想，从而产生能达到有效沟通效果以及易用的设计。

3. 视觉化故事板

视觉化故事板则是情境故事法过程中的重点，也就是通过视觉化来表达故事的内容，通过视觉化来分析未来使用情境中人与产品之间的互动关系。视觉化的工具可以是图画、照片、录像或电脑模拟等方式，至于选择何种视觉化的方式，则要根据情境故事中想要描述的行为模式和主题表达的效果。例如，可以应用动画来描述动态的情境，甚至加上音效；情境的脚本可以是文字的描述、简单的草图或概念示意，甚至是深入细腻的描绘和表达产品与人之间的互动关系。

如图3-38所示，这是为了解决上班族早上时间紧张无法及时饮水的问题，而设计的一款交互性电热水壶，如图3-39所示，正是对这一产品使用情景进行描述的视觉化故事板。

图3-38 视觉化故事板（一）

图3-39 视觉化故事板（二）

二、情境故事法应用流程

应用情景故事法进行产品设计创新，首要任务是根据要求确定一个开发目标，根据这个目标的具体内容把它展开成一个“故事”，把这个产品的应用过程通过说故事来做设计，即创造一个典型用户在使用某个产品的情境。

1. 情境故事分组作业

小组集体讨论出最需要目标产品的代表角色，并讨论出一个最需要上述产品的情境故事。情境故事是一种支援设计者贯彻设计程序的工具，它无论是在设计开始之前，概念发展之后，或是设计后期的雏形发展及评估阶段都能全程参与。

情境故事法需要针对产品特色，选定代表性角色，并讨论出一个情境故事（表3-8）。

表3-8 情境故事脉络

Who	产品设定代表角色身份的描述
When	最需要上述产品的时间
Where	最需要上述产品的场合
Why	需要上述产品的原因（包括正面及负面描述）
How	需要上述产品的状况描述

2. 头脑风暴并进行草图绘制

集体脑力激荡，并在白纸上快速绘出故事主角在该提案中，在不同场合与不同状况下与本产品或本服务设施互动的情境画面（图3-40）。

情境故事法的模拟过程中考量使用者的特性、事件、产品与环境等变数间的关系，并不断地以视觉化及实际体验的方式，引导参与设计开发的人员，从使用者的角度来发掘产品的构想，透过使用情境的模拟，探讨、分析人与产品之间的互动关系，评断构想是否符合设计主题，同时检验产品的构想，是否符合使用者的潜在需求。

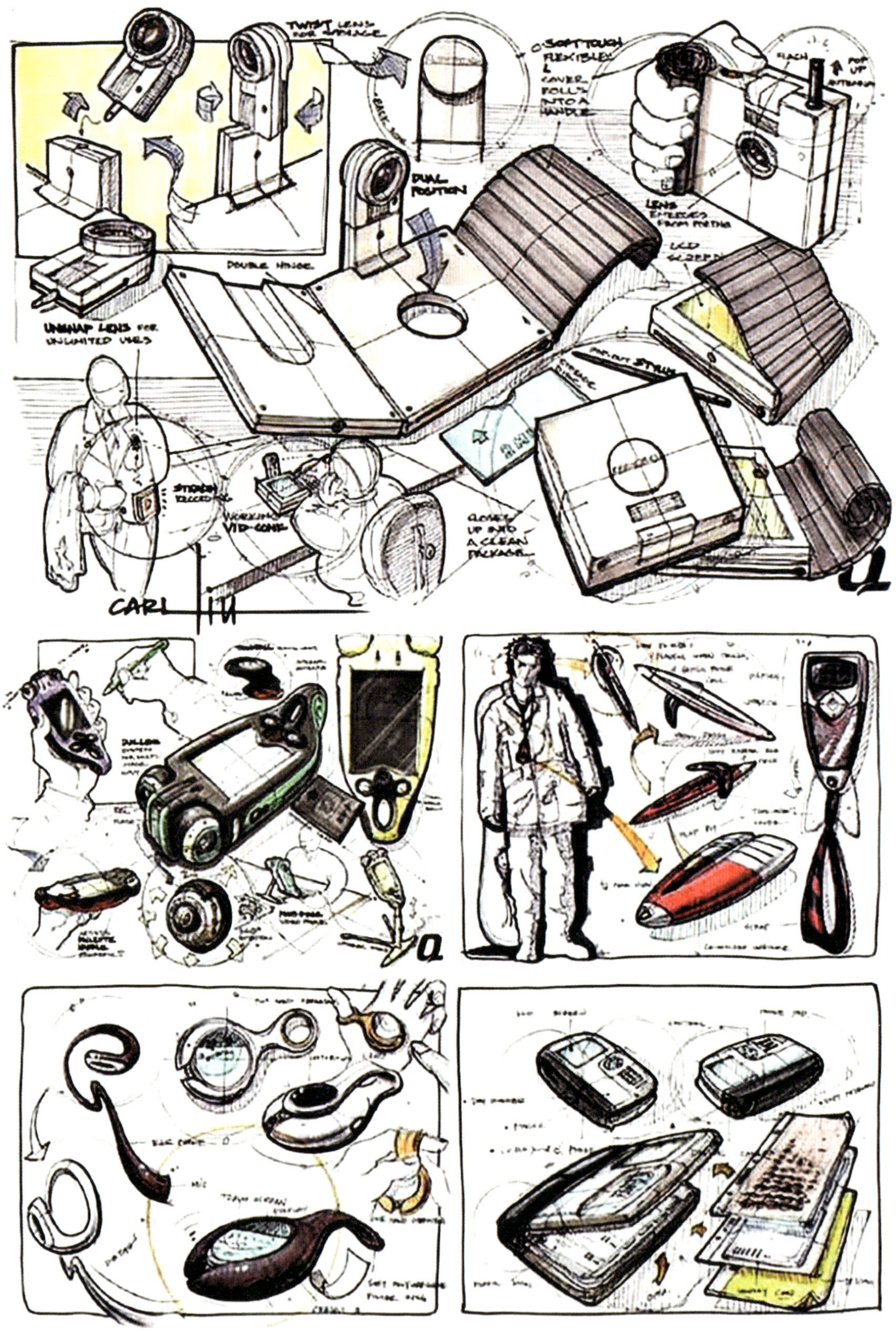
TWIST LENS FOR STORAGE
DUAL POSITION
DOUBLE HINGE
UNSNAP LENS FOR UNLIMITED USES
WORKING VID-CONF
CLOSES UP INTO A CLEAN PACKAGE
CARL LIU

图3-40 草图绘制

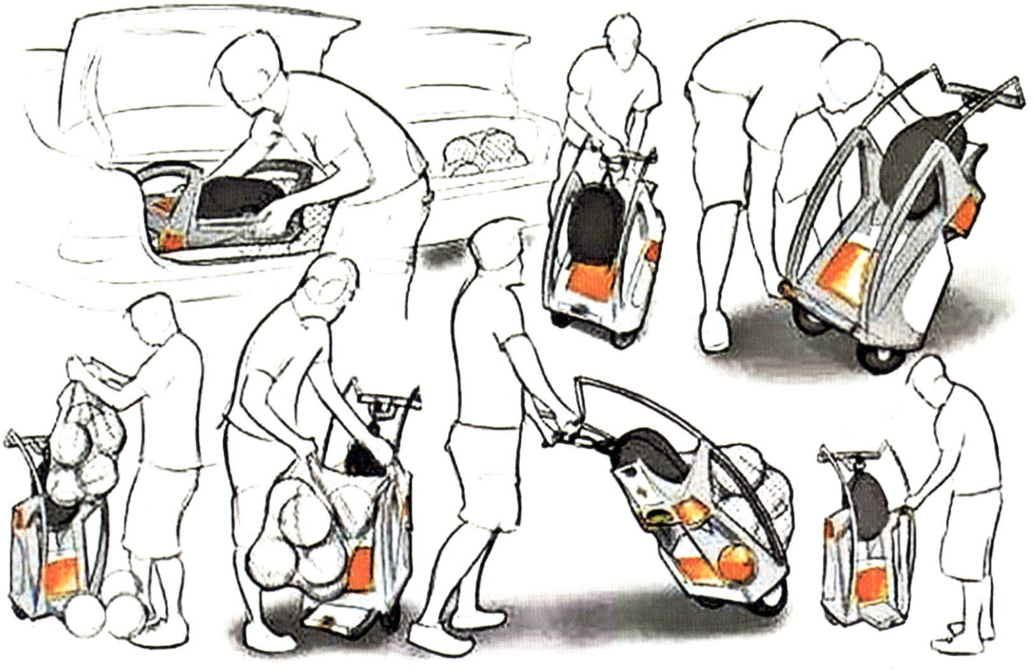

图3-41 情境故事板

3. 情境故事板绘制

以小组集体讨论的方式，以上面工作为基础进行整理、绘制脚本，画出分镜流程图及流程图中各场景的情境画面，并研讨各场景画面情境中值得探讨的关键议题，及可能解决的构想，由此发展出概念（图3-41）。

4. 完善构想并在故事中验证

解决关键议题的构想就是产品设计中需要寻找的创新点，通过完善构想可以对产品进行优化和创新，然后将新的产品置于相同的情境故事中，构建用户的使用剧本，验证设计的合理性。

三、应用案例

1. 设计背景

我国是农业大国，有着非常丰富的可利用农业资源，秸秆资源就是其中一种。目前，对农作物秸秆以及牧草等农业资源，在收获时直接将其收集成捆是较为先进的处理方式之一。圆捆机是一种能够对秸秆、牧草等农作物进行高效处理的农用机械，利用圆捆机对秸秆进行收获、处理，可以有效提高秸秆加工水平。

我国使用圆捆机对秸秆进行处理的时间还比较短，大部分产区目前主要是通过中小型钢辊式圆捆机对秸秆进行打捆作业。该类型圆捆机结构比较简单，重量较轻，价格较低，并且利于在使用过程中的维护和清理。但我国幅员辽阔，种植作物复杂，现有的圆捆机无法满足复杂多变的用户打捆需求；同时，现有圆捆机也存在容易堵塞和发生辊缠等故障因素。因此，需要采用创新设计方法，尝试解决以上问题，实现适合我国特殊情况的圆捆机设计创新，以满足广大用户的生产需求。

2. 现有圆捆机产品分析

圆捆机是一种农用机械，其可以对秸秆、牧草等农作物产品进行现场收集、切割、成捆、包膜等工作，能够高效完成秸秆等农业产品的快速包装储存，同时可以对秸秆、牧草等农产品进行第一步加工。圆捆机的基本结构分别为：牵引系统、传统系统、液压开箱系统、农作物压实系统、行走系统、切割系统、捡拾系统。

在圆捆机的生产技术上，目前国外企业较为领先，并且在大型圆捆机市场上占据较优势的地位。国产圆捆机起步较晚，目前还处在技术积累与市场探索阶段，大部分厂家设计的产品以小型圆捆机为主。国内厂家生产的圆捆机结构较为简单，体积较小，重量较轻，同时价格低廉，属于面向收入欠发达农村用户的设计产品（表3-9）。

表3-9　部分国内外圆捆机

产品外观	产品型号	产品特点	产品风格
	纽荷兰New Holland BR6090	链辊成捆专利技术，可适应不同作物与密度打捆，捡拾器仿形轮具有浮动功能，提升捡拾效率	大型圆捆机，注重工作效率，整体风格较为硬朗
	科罗尼Comprima-F155XC	采用无凸轮捡拾机构，捡拾效率高，故障率低；切碎刀片配置保护装置	大型圆捆机，造型更圆润，配色和谐
	上海世达尔9JYD-60（MRB0870）	较小型的圆捆机，移动方便，使用作物多	小型圆捆机，价格低，结构简单
	上海徐邦9YY-1000	小型打捆机，价格在同类中较高，补贴额度好	小型打捆机质量较好

国内企业产品设计问题显得尤为严重，主要在如下几个问题：①现有的圆捆机设计无法满足我国复杂的地理形势与农作物种类，导致圆捆机工作效果不佳。②产品设计较为单一，产品难以满足日益增长和多样化的用户需求。③随着务农人员收入的提高与圆捆机需求缺口的加大，现有的圆捆机外观与人机工程学设计已经难以满足部分用户需求。

3. 用户需求倾向获取

确定目标用户群体，以对圆捆机有一定了解和具有一定使用经验的客户为目标，通过走访、电话询问、网络调研等用户调查方式，收集自身属性信息和关注的问题。将调查得到的信息进行汇总，结果如下：

①产品材质：材料触感，内部加工工艺，细节处理，使用手感。

②人机工程：操作范围，操作方式，可调节性，缓冲效果，环境舒适度，驾驶舒适度。

③产品功能：捡拾，打捆，目标农作物。

④产品性能：打捆效率，作业安全性，扩大适用作物，捡拾效率，切割效率，地形通过性。

⑤耐久：自动维护，环境防护，耐用性，结构复杂程度。

⑥成本：价格，性价比，维修简易，技术需求。

⑦外观：整体造型，色彩选择，材质与加工工艺，细节处理，价值感受。

⑧服务：智能化，信息化，人机交互，简易操作。

4. 现有的使用场景构建

现阶段我国打捆机生产厂家以小型企业为主，其生产的打捆机价格较低，结构简单，维修方便，但在打捆效果和耐用性、可维护性上存在一定的问题，这意味着在较为高端的层面，存在创新设计的空间，以满足收入中等偏上用户的打捆需求；国产打捆机其样式较为单一，缺乏对我国复杂多样的种植地形与农作物的针对性适应设计，在这方面存在创新可能性；同时，现阶段生产的打捆机，其难以顾及外观美学设计与人机工程学设计，因此在与国外优秀打捆机竞争中处于较为劣势的地位，拥有较高收入的用户群体倾向于购买附加价值更高的国外打捆机，因此在此方面也存在创新可能性。现有的使用场景构建如表3-10所示。

表3-10 现有使用场景构建表

年龄	25~60岁
受教育程度	初高中、大学
使用经验	较丰富
经济状况	富裕
作业环境	大规模牧场、农田
作业地形	平坦平原为主
作业对象	小麦、玉米、棉花、紫花苜蓿等
作业时间	夏秋季
作业温度	较低—适中
作业湿度	较低
作业土壤	钙土、棕壤、褐土
环境收入	一般
环境发展	一般或较好

5. 现有产品子系统与现有使用场景的关系

市面上典型圆捆机产品子系统的划分如图3-42所示。对收割秸秆的工作进行分析，可以得到以下几个步骤，用户操作现有打捆机的使用流程与打捆机子系统的关系如表3-11所示。

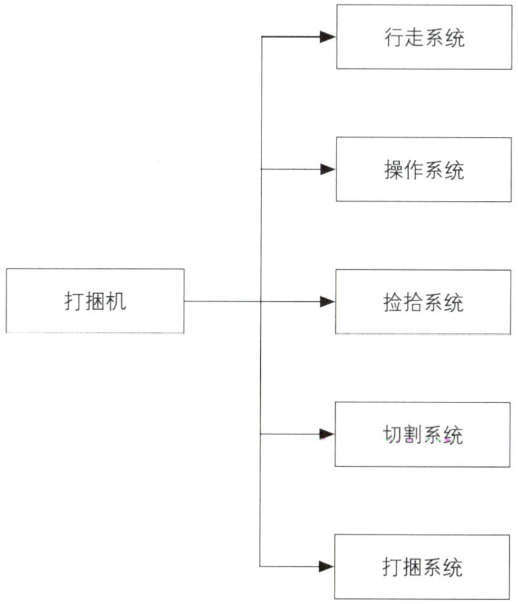

图3-42 打捆机系统划分

表3-11 使用场景与子系统的关系

使用场景（用户行为）	行为目的	交互子系统
1. 发动拖拉机，牵引圆捆机行驶	前往农田，开始作业	行走系统
2. 操纵农机，通过较高的田垄、土坡、水田等	较为快捷的通过复杂地形，尽快开始打捆作业	行走系统
3. 到达农田，对作物进行有规律地摆放	方便机器对作物进行单向切割操作	切割系统
4. 打捆机对准已经切割好的作物，开始捡拾作业	快速对准作物，开始作业	行走系统　捡拾系统
5. 保持机器匀速行驶，保持切割和捡拾工作顺利进行；随时留意切割与捡拾系统有无故障	保证打捆的质量和效率，确保在打捆过程中圆捆机不会因为环境和意外而受到损坏	行走系统　捡拾系统 切割系统
6. 将圆捆机进行转向或掉头	在狭小操作区域内转向，进入另外一条工作区域	行走系统
7. 重复4至6步，直至完成作业；农机返回仓库，确认整体状态	完成工作返回仓库，确认圆捆机并未出现故障	圆捆机整体

6. 潜在使用场景构建

根据对现有环境以及现有产品子系统的分析，搭建如表3-12所示的潜在的使用场景。

表3-12 潜在使用场景搭建

年龄	15~25岁、50~65岁
受教育程度	初高中、大学及以上
使用经验	无-丰富
经济状况	富裕
作业环境	狭窄地域
作业地形	丘陵、水田
作业对象	水稻等
作业时间	夏秋季
作业温度	适中-较高
作业湿度	适中-较高
作业土壤	红壤、黄壤等，黏性较大
环境收入	一般或较好
环境发展	一般或较好

分解潜在使用环境中现有圆捆机使用流程与技术性能，分析原有子系统需要做出哪些改变，并获得用户在分步骤中的具体行为与行为目的，获取系统与子系统之间的相互关系与作用反馈。

将汇总表中的用户需求按照用户需求的具体属性，将其区分为功能需求、结构需求、价值需求与情感需求四种，根据需求手绘出用户在该设计方案中、在指定场合和情境下与本产品互动的故事情境。故事板中以文字进行解释说明，对于关键议题和设计点，做出了特别标注（图3-43）。

在上述过程的基础上进行整理并绘制完整的产品操作流程图，考虑到各种使用场景的情境画面，由此进行研讨并得出关键议题，提出问题解决方案。

7. 产品子系统功能确定

（1）确定圆捆机的基本功能。对人收割秸秆的工作进行分析，可以得到以下几个步骤：驾驶车行驶到田间，切割秸秆或牧草，对秸秆或牧草进行打捆，完成工作返回。对其进行概括，得到产品基本的功能应该有：驾驶功能、行走功能、操作功能、切割功能、捡拾功能、打捆功能这些基本功能。

（2）确定圆捆机的子系统功能。经上述确定自行式圆捆机的基本子系统有：驾驶系统、行走系统、操作系统、切割系统、捡拾系统、打捆系统六大子系统，其中，驾驶系统可以和操作系统共同存在于驾驶室中，切割系统、捡拾系统和打捆系统共同作用称为圆捆组件（图3-44、表3-13）。

图3-43　打捆机情境故事板

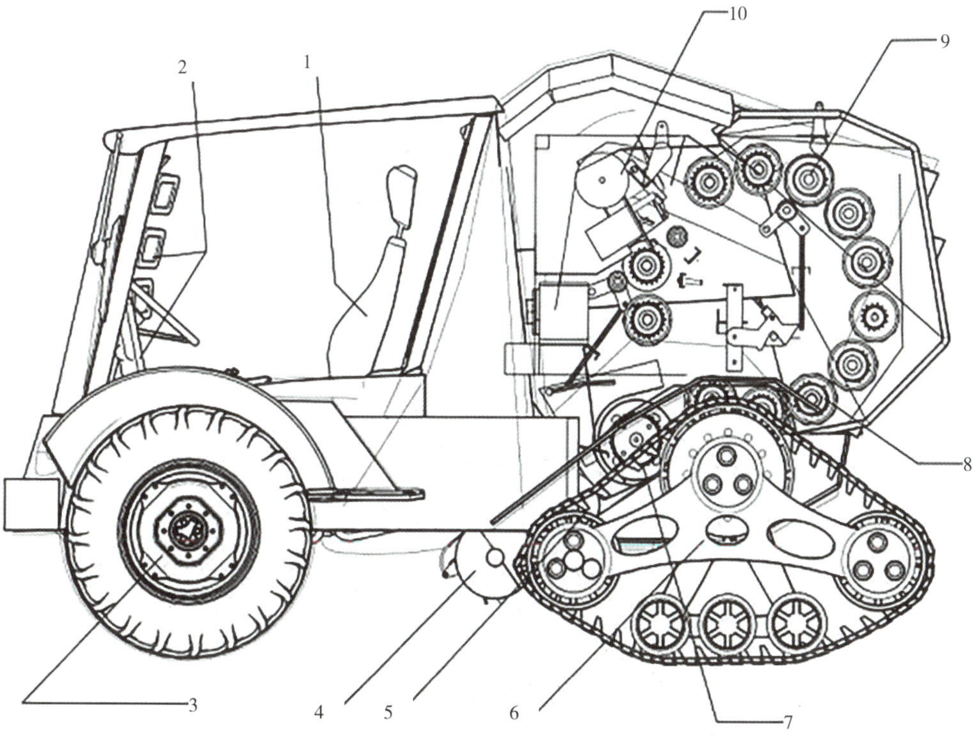

图3-44　行走式打捆机方案的整体结构图

1—驾驶系统；2—辅助作业系统；3—前导向轮；4—捡拾系统；5—螺旋运输系统；6—运动系统-后履带组；7—切割系统；8—主作用打捆钢辊；9—辅助作用打捆钢辊；10—秸秆预处理喷药系统

表3-13 圆捆机子系统功能

自行式圆捆机子系统	功能
驾驶系统	符合人机工程，驾驶体验优良
行走系统	适应多种地形
操作系统	智能化操作
切割系统	可针对不同作物调整参数
捡拾系统	针对土壤黏性，提高捡拾能力
打捆系统	防漏防缠优化

①操作系统。各个组件的功能需求都应满足方案的基本要求，操作系统的基本特征为：使用年龄为18~65岁，参数调节方式为手动，移动方式为自动式。

②切割系统。由于切割系统受到操作系统控制，在进行切割系统之前，要针对不同的作物，通过操作系统设置不同的参数，提高打捆质量，减少对机器的损害。在切割系统进行工作时，耙齿与秸秆相接触，使秸秆曲折，通过旋转将秸秆送入打捆室，操作直观快速。除此之外，在进行切割系统之前，车身要稳定行驶，从而起到保护的作用。

切割系统的切割方式为旋转式，参数调节方式为手动，平衡性良好。

③捡拾系统。捡拾系统作为圆捆组件的组成之一，与切割系统和打捆系统共同构成圆捆组件，又与它们区别开来，具有自己的基本属性，即：针对种植区域狭小、气候高温潮湿的环境，作业地形主要为丘陵和水田，作业对象主要为水稻。

④打捆系统。对打捆过程进行分析，再参照现有钢辊式圆捆打捆机的设计参数。本产品的打捆钢辊为类圆柱状，两个钢辊间的间隙不应过大，防止秸秆、牧草等从间隙漏出；还应具备良好的导送能力，以便导送秸秆。

本方案首先由人通过驾驶系统驾驶车到达田间，再通过操作系统，控制机器完成切割、捡拾、打捆等工作，最终达到目标。

8. 最终效果呈现

根据以上对自行式圆捆机各个子系统应具备的特征进行分析以及相应的设计，最终的概念方案结构效果如图3-45~图3-47所示。

图3-45 一体式半履带圆捆机整体效果图

图3-46 一体式半履带圆捆机捡拾装置

图3-47 一体式半履带圆捆机打捆装置

该圆捆机针对复杂多变的地理与耕地状况和多样化的秸秆处理需求进行设计。考虑到可能存在的崎岖多变的地形中车辆通过性的问题，同时考虑到履带式车辆在转弯时会对农田造成比较大的碾压，导致田地被压实难以处理的问题，采用了半履带式设计，在保证地形通过性的情况下提升了车辆转向的灵活性；设计了两种不同的履带样式，分别具有通过性好、转向半径小与土壤保护性能好的优点，可供用户根据自身情况进行选择。

针对土壤黏性较大的问题，采用了弹齿式凸轮捡拾器，提高秸秆捡拾能力，同时在捡拾装置和打捆装置中设置监控摄像头，在发生故障时能够第一时间发现问题并辅助排除故障。

针对目标作物秸秆含水量较大的问题，对打捆钢辊与打捆机内壁进行了针对性改良设计，增加打捆钢辊的输送能力，减少秸秆缠辊的风险，同时改良内壁同样起到辅助运输和预防辊缠的问题。

第四节 属性列举法

科学的设计方法是经过不断地认识和完善而形成的，本节对创新设计法之一的属性列举法进行分析，详细论述其方法实施的过程并将其应用到产品设计中，这对属性列举法的发展与完善具有重要意义。

一、发展与概念

属性列举法，也称特性列举法，是美国尼布拉斯加大学的罗伯特·克劳福德（Robert Crawford）教授于1954年所提倡的一种著名的创意思维策略。此法强调使用者在创造的过程中观察和分析事物、问题的特性或属性，然后针对每项特性提出改良或改变的构想。

属性列举法是通过将决策系统划分为若干个子系统（即把决策问题分解为局部小问题），并把它们的特性一一列举出来（图3-48）。将这些特性加以区分，划分为概念性约束、变化规律等，并研究这些特性是否可以改变，以及改变后对决策产生的影响，研究决策问题的解决方法。此法的优点是能保证对问题有全面的研究。

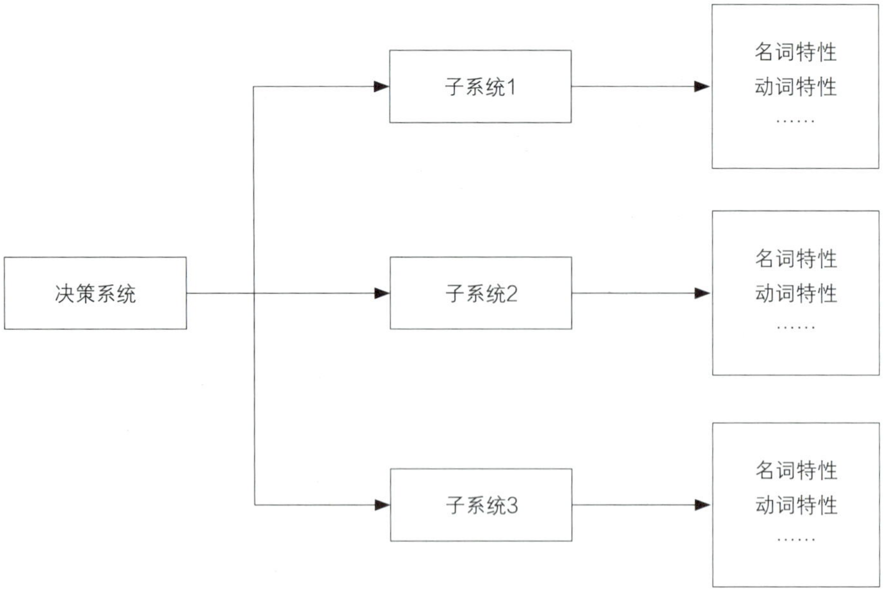

图3-48 属性列举法

二、原理

克劳福德认为，每个事物都是从另外的事物中产生发展而来的，平常的创新都是对旧物改造的结果，所改造的主要方面是事物的特性。属性列举法的运用需要设计者在对创新、改进的对象进行深入细致的观察、分析的前提下才能进行，并尽可能分门别类地列举该事物的各种不同的特征或属性，没有进行深入调研的技法应用，只能停留在表面，并不能对实际设计起到帮助与指导作用。明确应改善的方向以及实施方法，也就是试用可取而代之的各种属性加以置换。实践证明，需要解决的问题越小，越简单直观，运用属性列举法就越容易获得成功。

三、方法步骤

1. 确定创新对象并加以分析

通过了解事物现状，熟悉其基本结构、工作原理及使用场合等，应用分析、分解以及分类的方法对研究对象进行一些必要的结构分解。

例如将一个产品分解成一个个零件，如图3-49所示，再将每个零件的功能、特性与整体之间的关系都列举出来，并绘制成表（表3-14）。若改进对象过于复杂，则应先将对象分解后，再选一个目标进行较为明确的发明或改进，从而逐个突破。

表3-14 无人机部分与功能的关系列举

机架	尺寸、颜色、形状
飞行控制系统	控制器、加速度计、气压计、陀螺仪等
推进系统	桨翼、马达
相机遥控器 遥控信号接收器	远程控制 接收信号
相机	拍摄

图3-49 无人机结构分解图

2. 特征列举并归类整理

（1）名词属性。产品的名词属性一般包括整体、部分、材料、制造方法四个部分，但是在对这四个部分进行罗列时，注意力往往集中在常见或者主要的部分，从而忽略次要的、不常见的部分，同时，在罗列时容易受实用性的束缚，交叉性差，这样往往会导致罗列完毕之后，创新突破性较小。

比如以水杯为对象，对于整体，如图3-50所示，设计者往往会直接想到杯体和杯把一体进行形状变化，而忽略了和杯盖一起进行整体变化会呈现一个什么样的状态；对于部分，通常会直接分杯体、杯把、杯盖、表面图案，而忽略杯底及杯中装的液体；对于材料，一般选用玻璃、金属、陶瓷、塑料，而很少会想到棉花、豆子等不太相关的材料，正是这些不太相关的属性往往更容易激发创造。所以在对名词属性的列举中，要把握关键两点：一要全面；二要大胆，敢于想象，善于联想。

（2）形容词属性。

①性质：可以分为产品的主体性质以及角色性质。主体性质：主要表现产品的构成情况，一般包括产品的形态、颜色、大小、轻重、厚薄、质感。角色性质：主要表现产品的风格、特点以及适用环境，比如商务休闲的、自然的等（图3-51）。

图3-50 整体变化

图3-51 角色性质

②状态：可以分为产品的物理状态和情感状态，比如杯子的物理状态有摇摆的（图3-52）、变色的（图3-53）、形变的（图3-54）等；其情感状态有喜悦的、亲密的和伤心的等。在对形容词属性的列举中，对于状态相关的属性通常呈现列举不足的状态，表现在物理状态列举的匮乏和对情感状态的忽略，值得注意的是，在对状态进行列举时，除了基础的物理状态外，可以采用拟物的手法去对比对象的物理状态。比如对比汽车、杯子的物理状态，也可以采用拟人的手法，根据人的活动和心情状态去揣摩对象的物理状态，尤其是情感状态，这样既可以提高列举效率，也大大扩展了列举范围，从而进一步提高创意产生的可能性。

图3-52 摇摆杯

图3-53 变色杯

图3-54 形变杯

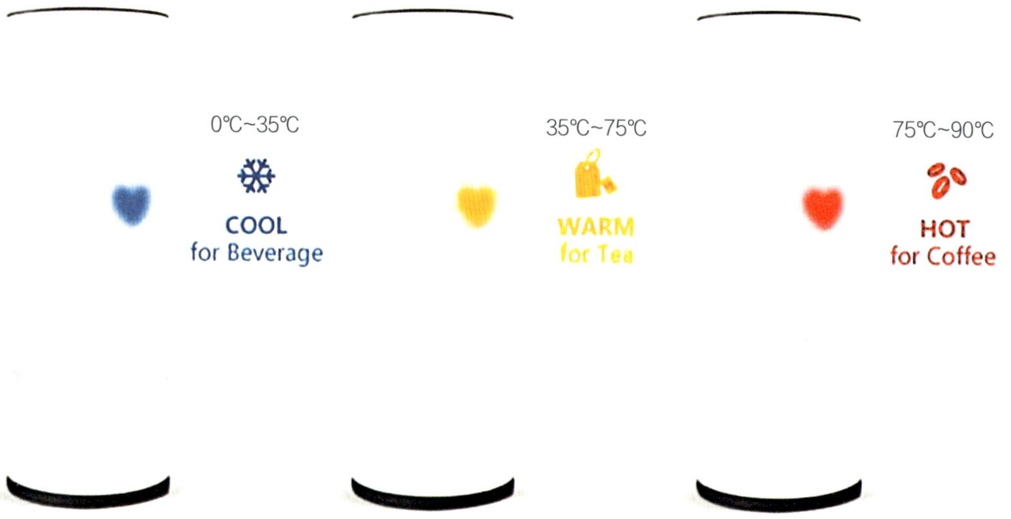

图3-55 感温杯

（3）动词属性。动词属性主要指的是产品的功能，但是在实际的创造过程中，对功能实现创新型的设计，不是单单通过列举就可以完成的，更多地需要依靠生活积累以及详细调查。为了提高列举的有效性，应把动词属性分为两个部分：使用功能以及使用动作。尤其是通过对不太引人注意的、不具有多大功能价值的使用动作的列举，更容易在产品形态上进行创新（图3-55）。

3. 依据特性项目进行创新性思考

进行这一步的关键是要详尽地分析每一特性，提出问题，找到缺陷，再尝试从材料、功能、结构等方面加以改进，在运用属性列举法时，对事物的特性分析得越详细越好，并且尽量从各个角度提出问题，以便得到更多启发。

4. 提出方案并对方案进行评价讨论

大胆提出各种设想和方案后，要对这些设想进行论证，最终进行分析、筛选、合并，形成可行性方案并加以实施，以使产品或改进方法符合人们的需要和目的。

四、应用案例

1. 分析现有的消防灭火装备

火灾早期探测预警是消防中的重要部分，而在这一领域，国外的研究起步较早，光电吸气式烟感探测技术已得到广泛应用，如澳大利亚的LaserPlus火灾探测技术以及英国的IFD火灾探测技术等。由于我国开展相关研究的起步较晚，在小空间火灾极早期探测、无损抑制系统及相关产品结构设计与优化还处于空白，因此对于银行、军工、通信、电力等重点特殊行业的防火需求，成了极早期火灾探测领域目前的主要研究方向。

2. 消防灭火装备需求分析

（1）人。消防灭火装备的客户需求获取来源有：消防灭火装备的生产制造企业的相关销售人员，以及设计开发人员；还有一部分来源于从事火灾救援与消防工作的人员，获取客户需求的过程即为与他们谈话、问询的过程，将客户需求进行分类汇总，得到了必须要满足的客户基本需求：抑制火源的介质来源、供能来源的获取，行进功能以及其他个性化需求，将其中的客户个性化需求汇总为“附加功能”。为了人员的安全，采用无人式、自走式装备进入火场进行勘测、灭火，无须人员进入火灾现场观察情况，相关工作人员可以在火灾现场外通过遥控进行监测，通过摄像头拍到的画面观察火场内部情况，以便及时展开救援（图3-56）。

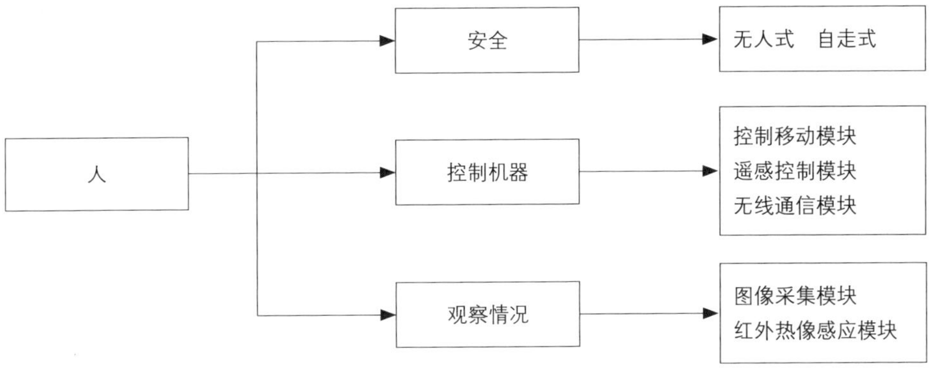

图3-56 以人为主的产品特性分析

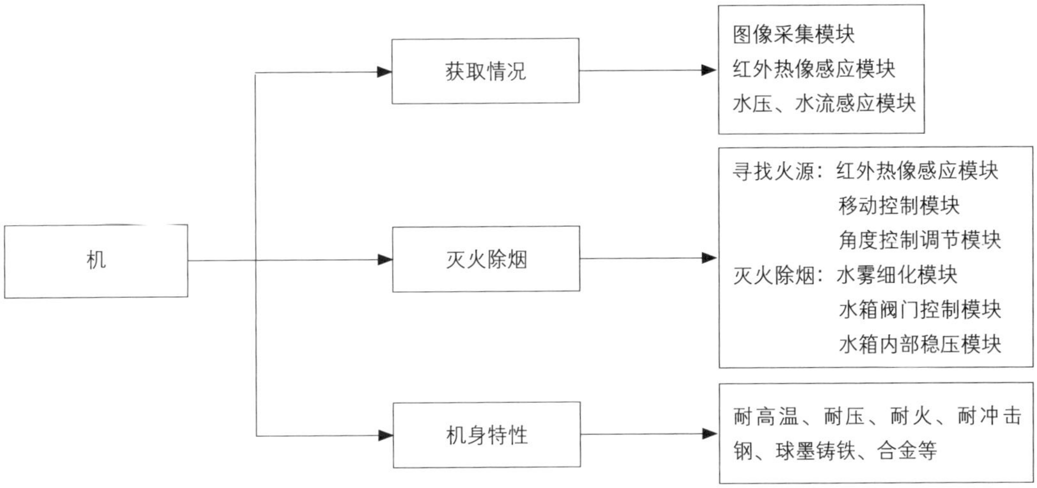

图3-57 以机器为主的产品特性分析

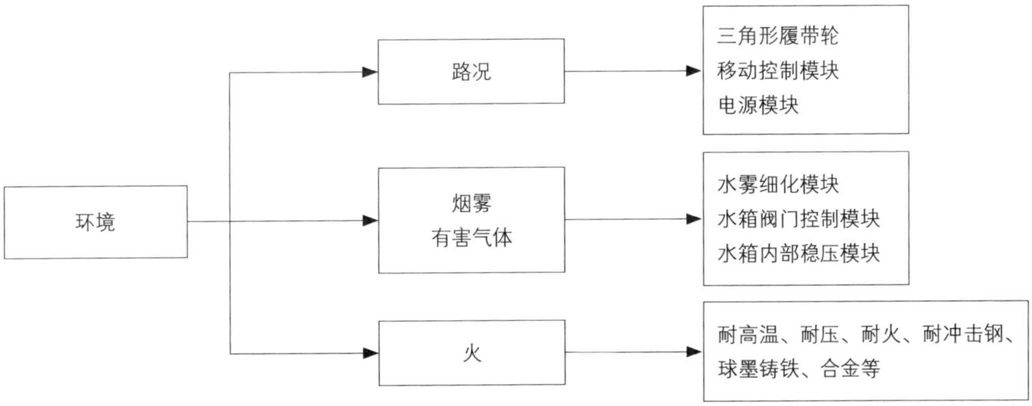

图3-58 以环境为主的产品特性分析

（2）机。灭火器材应防火且耐高温、耐压，可以采用钢、球墨铸铁、合金等耐高温金属做成高压模块、高压钢管管网模块、旋转支撑模块等，还可以在金属表面涂防火漆。要求对火点进行定位勘测，在设备上增加无线通信模块，方便传达信号。需要在设备上增加GPS定位模块，方便对火源进行定位。需要在设备上增加图像采集模块和红外热像感应模块，方便确认并监测火源点，还需要在设备上增加供电模块，保证各用电模块正常工作。设备本身应装备水箱储水，通过水雾细化模块来灭火（图3-57）。

（3）环境。火灾现场行路不便，可以将消防设备体积减小，增加三角形履带轮方便寻找火源点，并且现场烟雾弥漫，还可以增加除烟功能，通过水雾细化模块的旋转云台连接的水雾喷头进行全方位洒水，从而达到降尘的目的，方便救援行动展开（图3-58）。

3. 小空间自走式消防灭火装备特性分析

（1）名词特性。

整体：小空间自走式消防灭火装备。

部件：①小空间作业模块（机电传动模块、高压模块、水雾细化模块、旋转支撑模块、红外热像感应模块、图像采集模块）。

②内置水箱模块（水压感应模块、水流感应模块、高压钢管管网模块、高压软管管网模块）。

③内置供电组模块。

④运动模块（履带式行进模块、移动控制模块、无线通信模块、电源模块）。

⑤内部控制模块（距离感应模块、供电控制模块、漏电保护模块、水箱阀门控制模块、水箱内部稳压模块、传动机构控制模块、角度控制调节模块、无线通信控制模块、遥感控制模块、GPS定位模块）。

材料：钢、球墨铸铁、合金。

制造方法：焊接、锻造、铸铁、冲孔、冲压成型、打磨、冷弯成型。

（2）形容词特性。

性能：转速、转角范围、行走速度、水量、水速。

外观：圆形顶盖、三角形履带轮、圆盘式水雾喷头。

颜色：红色、白色、黑色。

（3）动词特性：灭火、除烟、供应能源、喷洒物质、监测、细化水雾、感应、自走式行进。

4. 产品设计效果

小空间自走式消防灭火装备由主体部分、火灾检测及定位系统、灭火装置（旋转云台）、水箱以及联合控制系统五部分构成。各结构功能既相互独立又相互控制，形成一个有机整体，在装备内部形成合理的结构分布，便于功能的实现。整体结构设计如图3-59所示。

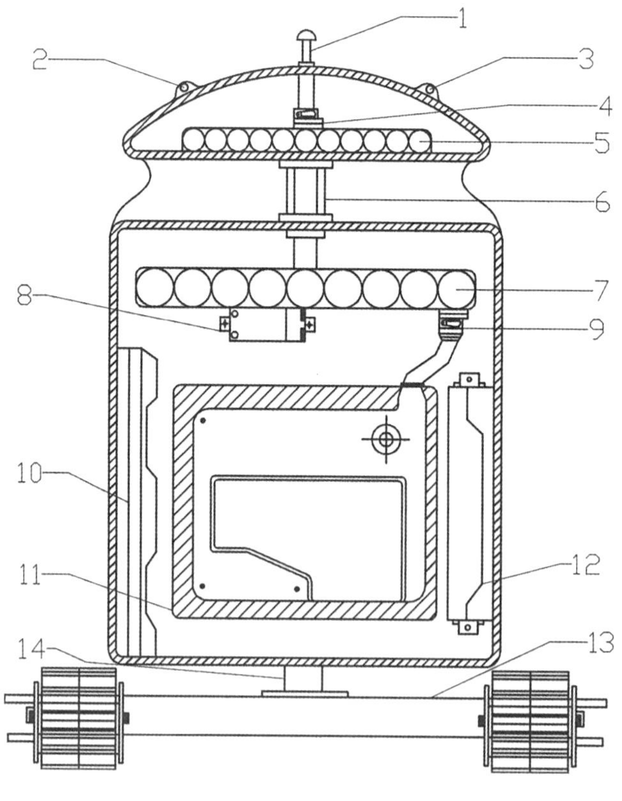

图3-59　小空间自走式消防灭火装备结构示意图

1—高压细水雾喷头；2—红外热像探测器；3—图像采集探测器；4—稳压泵组；5—高压软管网；6—升降板；7—高压钢管管网；8—增压控制器；9—水流传感器；10—供电组；11—内置水箱；12—控制器；13—履带轮；14—运动接受控制器。

（1）主体结构设计。该产品外壳采用精密机械加工一次成型，采用模块化方法完成对消防装备外部结构、底盘运动机构、装备内部相关装置等模块的设计（图3-60）。

（2）火灾监测及定位系统。采用红外热像技术，在消防灭火装备旋转云台上设计高精度红外热像仪，监测整个目标区域内的温度情况，将整个监测工作空间坐标化，小空间自走式消防灭火装备将会按照既定的行进规则对监测空间进行全方位实时监控，采用云雾室处理技术与吸气式微粒光电检测技术，提高极早期火灾感探测的准确性与可靠性，配合消防灭火装备搭载的高清摄像机，精准观测定位烟点与火源中心的准确位置，以及管理人员指定的目标位置，并精准到达，采取措施，排除潜在的安全隐患（图3-61、图3-62）。

图3-60　整体效果图

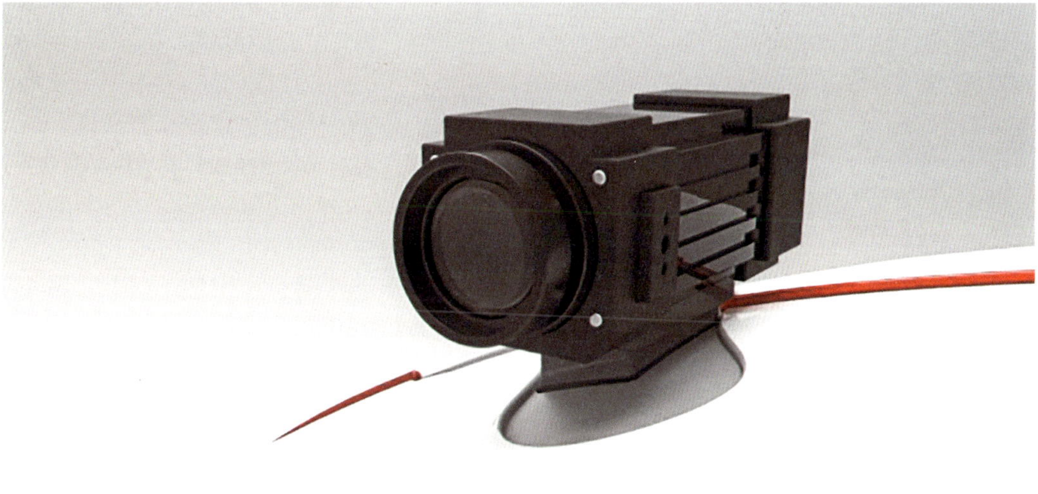

图3-61　红外热像感应器细节图

图3-62 图像采集器细节图

通过测量分布在通过路径上的磁场信号，获取小空间自走式消防灭火装备在行进过程中相对于目标追踪点位置的偏移量，以此控制消防装备的行动轨迹，消防灭火装备所搭载的电机驱动控制器，对装备行走轨迹和坐标定位进行判断，消防灭火装备行进控制过程所采用的磁导航技术，保障了小空间自走式消防灭火装备行走的安全性与定位的准确性。

（3）灭火装置（旋转云台）。小空间自走式消防灭火装备配备了新型高效的电动式高压细水雾灭火装置，以内置水箱携带的水作为灭火介质，采用高压喷头在特定压力下将水流分解成细小水滴进行灭火，达到高效冷却、窒息双重灭火效果，与此同时能够使伴随火源产生的烟尘沉降，吸附燃烧生成的有害气体。

旋转云台（图3-63、图3-64）可以完成消防灭火装备灭火与监控的功能，是最主要的工作结构，由电机提供动力。细水雾喷头采用RTI小于25的玻璃泡，可保证40~200nm的细水雾。高压泵组和下方水箱的管网连接，可以为细水雾喷头提供增压功能，发生火灾时可提供的工作压力为10MPa，最大压力为12MPa，能够满足消防灭火装备不同状态下所需的对应压力值。没有火灾发生时，消防装备为实时监控状态，旋转云台的灭火功能机构被隐藏在装备内部；当火灾发生时，由升降台控制旋转云台推出产生高压细水雾，此为工作状态。

（4）水箱。水箱（图3-65）可为消防灭火装备蓄水，内部分布的高压钢管网和高压管网与旋转云台连接，由稳压泵组和水流传感器对管内水压进行监控，将管内水压控制在1.5MPa左右。当控制接收器接收到工作指令时，水箱内的小规格控制阀以及抽水泵同时打开，水流向旋转云台完成灭火工作。

（5）联合控制系统。开发无线远程遥控操作盘，通过无线方式与装备内置的驱动控制器连接，实现对消防装备自主行走进行实时监测与控制，同时，也可以完成对小空间自走式消防灭火装备上高压细水雾灭火装置启动和停止指令的施放。

通过设计集成消防灭火装备机械结构系统、驱动控制系统、细水雾灭火系统等子系统，辅以装备高温自保护设计和防碰撞设计，形成新一代高压细水雾小空间自走式消防灭火装备，具有自主导航、自主行走、自主定位火源、自动报警灭火、自行充电等功能。

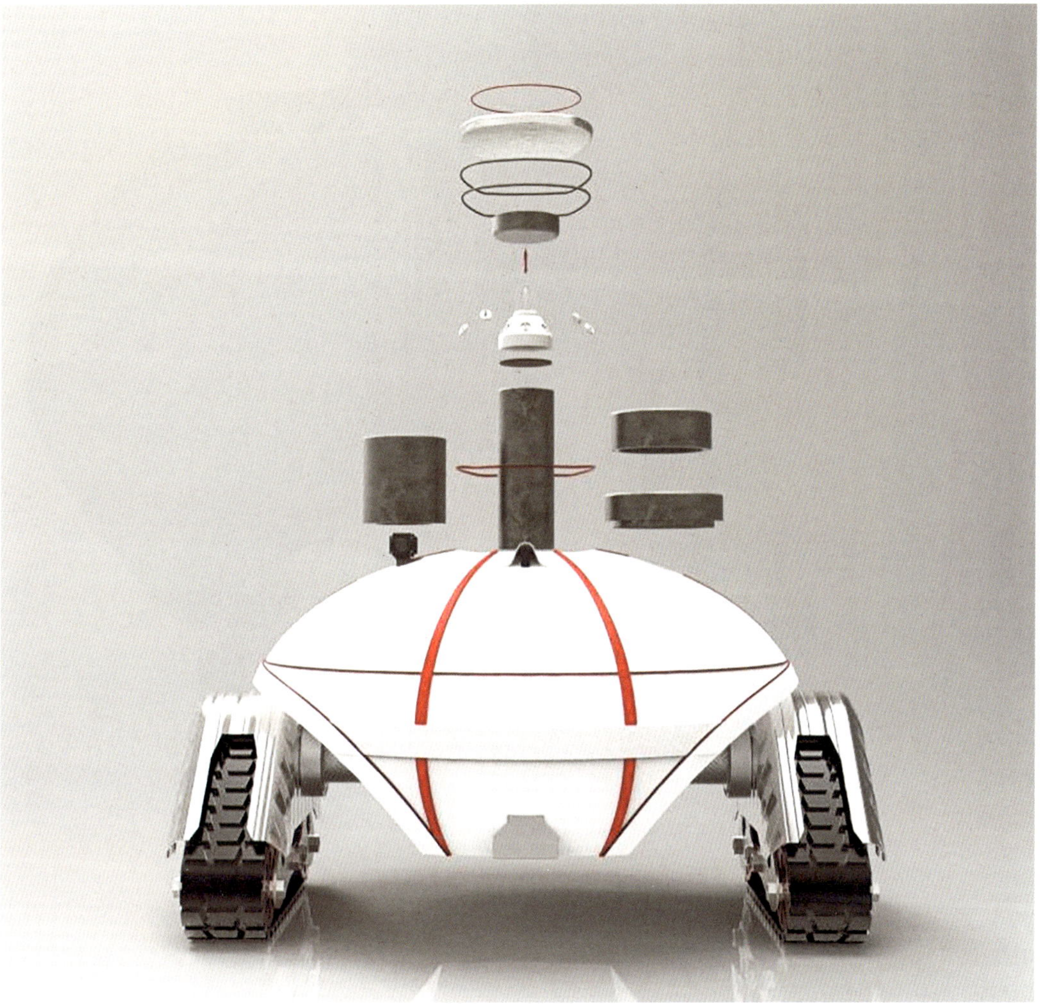

图3-63 旋转云台模块结构图

图3-64 旋转云台细节图

图3-65 水箱结构图

本章小结

设计理论是指导设计实践的理论基础，对设计实践起指导作用。本章介绍了TRIZ理论、仿生联想法、情境故事法、属性列举法四种设计方法的概念、研究内容、类别以及方法应用的具体流程，每个方法都结合详细的设计案例说明具体的应用流程，读者可以根据产品开发的特点选择适合的设计方法进行产品创新设计。

课后练习与思考

练习题：任选一种设计方法设计一款你认为需要改进的产品。
思考题：除了本章提到的四种产品设计方法，你还知道哪几种有效的设计方法？尝试用你了解的设计方法进行一款新产品开发。

第四章 案例赏析

PPT课件

本章导读

懂得欣赏，才能懂得创造。欣赏并解析优秀的设计作品，是设计学习过程中的重要一环。作为一名产品设计师，应当学会鉴别并理解优秀的产品设计作品，并能透过产品的外表洞察其后的设计用意和用心。

本章按照医疗、家居、电器、文化创意、机械设备5类产品介绍，首先讲解每类产品在设计过程中应该注意的事项；其次列举了企业类案例和学生作品。在欣赏案例时，注意思考以下问题：产品采用了怎样的设计流程？可以使用怎样的设计方法来实现？如此，引导读者在欣赏案例的同时，追踪回顾前面章节所涵盖的课程核心知识点。

第一节　医疗类产品案例赏析

一、医疗类产品设计

医疗产品是具有特殊性的产品设计，该类产品的设计肩负着巨大的责任，在设计上要传达出理性、安全、严谨专业、缓解压力的产品风格。在进行该类产品设计时不但要求操作方便、界面清晰，还要求配色不能过于激进，防止医务人员长时间使用产生厌倦感。因此，医疗产品的设计不仅要符合美学原则和结构设计规则，而且要符合医疗产品的安全性和人性化要求以及操作者和患者的心理习惯。

1. 功能

医疗类产品的设计主要是为使用提供便利，帮助不同科室在诊治上实现快速、高效的操作。在设计时外观尽可能简洁，要保障所设计的医疗机械产品经久耐用，节省更多的投入成本及使用成本。

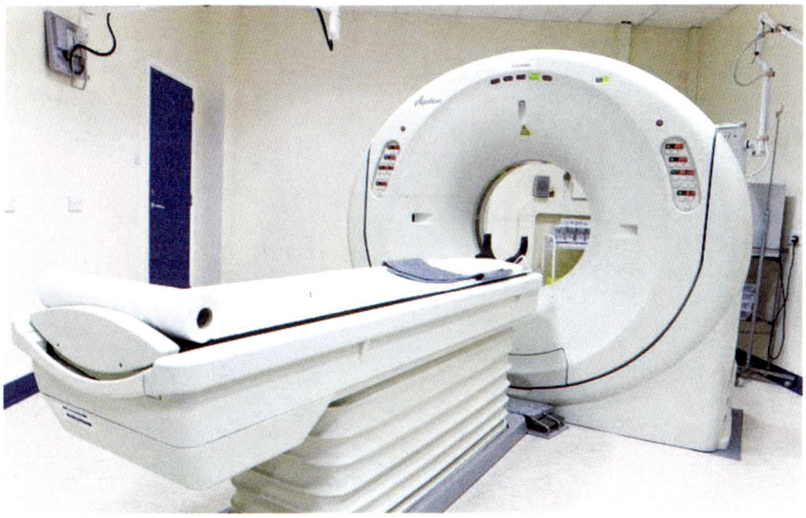

图4-1　医用CT扫描机

2. 材料

医疗类产品对材料的力学、化学、生理相容、卫生等功能要求相对较高。如图4-1所示为SVHU合金塑料制作的CT机外壳，采用吸塑成型，其阻燃性、抗冲击性、耐蚀性、易清洁性都优于金属材料；聚氨酯PU（图4-2）具有优异的生理相容性及抗血栓性能，因而成为最常用的医用塑料原料之一。

3. 造型

医疗产品的形态设计必须考虑对人的心理影响，尤其是病人在一定状态下的心理影响。根据分析，当人们的健康状况日益恶化时，他们对周围的环境和人都很警觉，心情不好，医疗产品的形状设计对医务人员和患者的心理会有很大影响，不友好的形状会增加患者的焦虑和不安。在医疗产品的设计中可以考虑仿生形式或尽量将机械部件加以隐藏，使产品外观圆润，为医护人员和患者创造一种安全感。医疗产品造型设计应与整体环境相结合，以减轻医护人员与患者的心理压力（图4-3）。

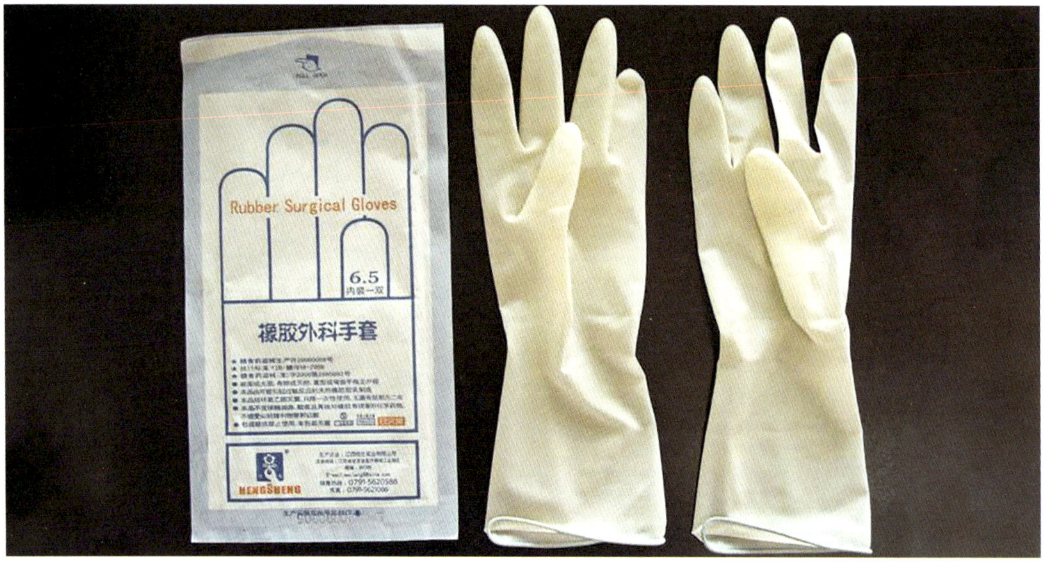

图4-2　具有聚氨酯的医用产品

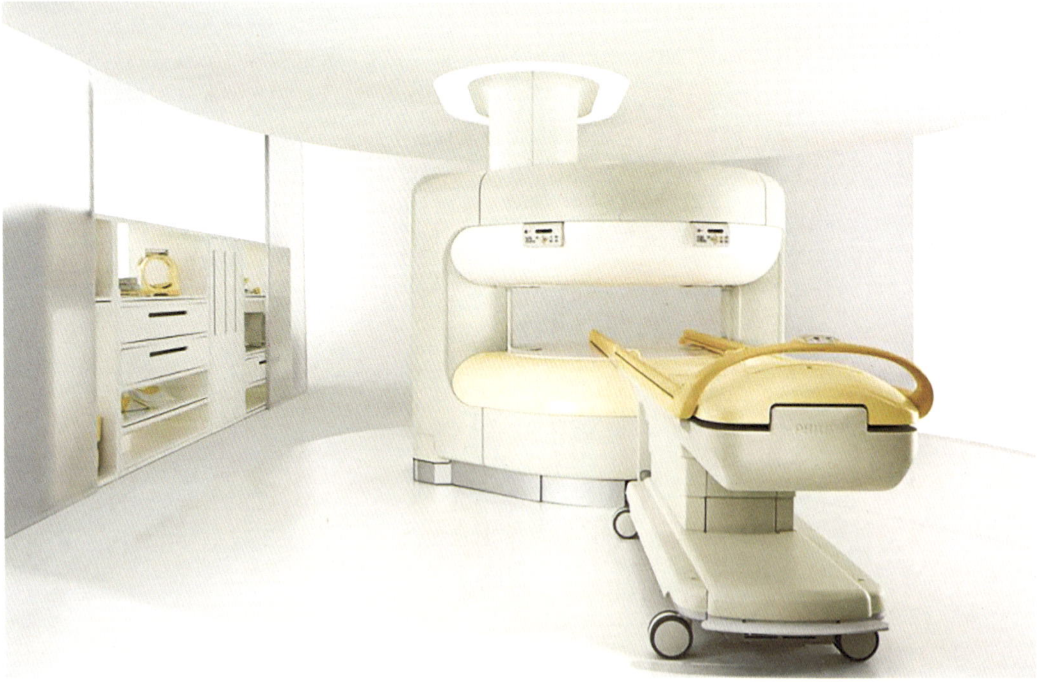
图4-3　医疗类产品柔和的造型设计

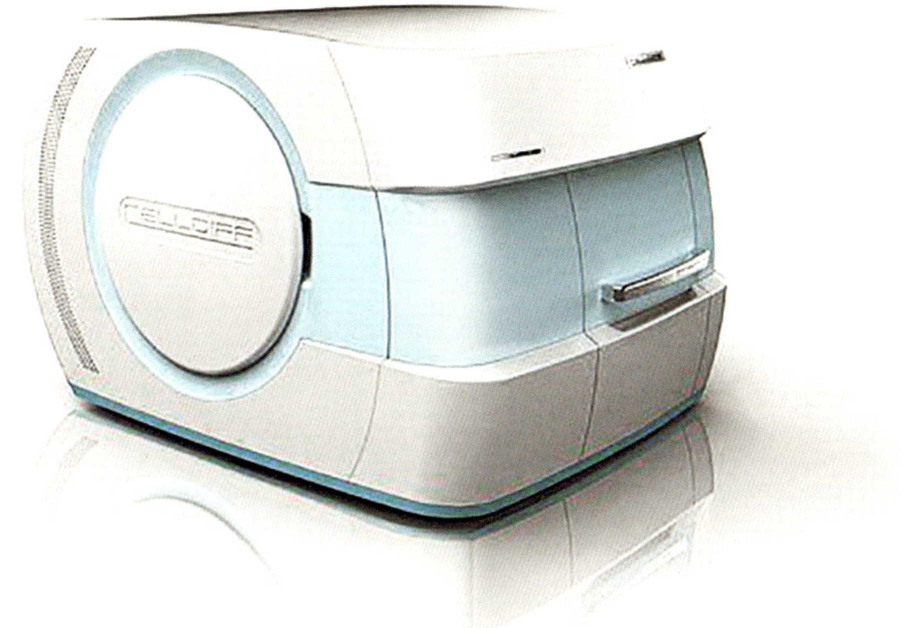

图4-4 医疗类产品令人舒适的色彩搭配

4. 色彩

色彩是医疗产品设计中的关键因素。医疗产品在配色上不能给用户带来紧张感，要用清新舒服的配色使患者放松。应适当使用蓝色和绿色，尽量避免使用橙红色系（图4-4）。

二、企业案例——投影式红外血管成像仪

设计单位：西安中科微光影像技术有限公司

制造单位：深圳市中科微光医疗器械技术有限公司

获得奖项：2019年第五届中国好设计大赛金奖

该设备利用血液中的血红蛋白对近红外光的吸收强于其他组织的原理，采用航天光学影像技术将电荷耦合器件图像传感器感知到的反射红外光进行数字图像处理，得到的高分辨率血管轮廓图像，经由投影仪实时、原位投影在皮肤表面，能够清晰显示患者浅表静脉血管粗细、深浅等基本信息和异常情况（图4-5）。

投影式红外血管成像仪采用最先进的数字光信号处理技术，1：1原位实时成像，图像清晰稳定，性价比高，可以将患者浅表静脉血管粗细、深浅、曲直、长短、分叉、静脉瓣等基本信息和异常情况反映出来（图4-6）。

投影式红外血管成像仪采用深度智能识别技术，具有多种工作模式（图4-7），包括基本模式、优化模式、深度识别模式、绿光模式、蓝光模式、红光模式以及紫光模式。在深度识别模式下，投影式红外血管成像仪能够自动识别和标记0~6mm深度的血管，提高了穿刺准确性，已获得国家发明专利授权。

使用者可以将图像保存至SD卡中，在投影边框上可实时查看保存图片的状态及数量。再将设备中存储的照片导出至电脑，就可以分析或打印，进一步凭借图像及相关报告对患者血管进行穿刺前、中、后对比评估，从而保护患者血管安全。投影式红外血管成像仪有台式和立式两种（图4-8），为人们提供多种使用方式，提高使用率。

在外观上，投影式红外血管成像仪线条流畅，造型简约，以白色和灰色为主色，搭配浅绿色，

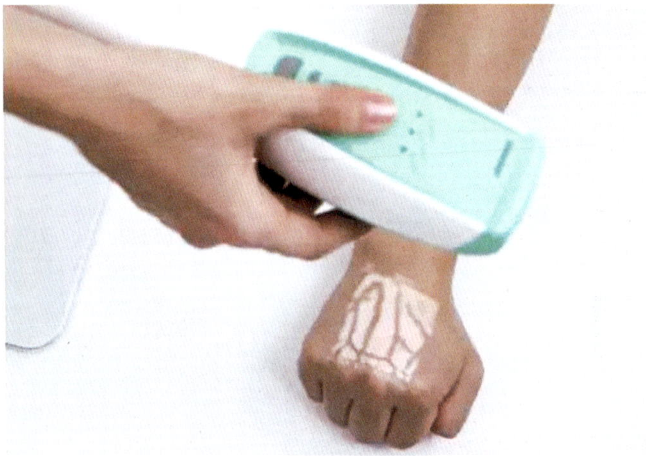

图4-5　投影式红外血管成像仪投影效果

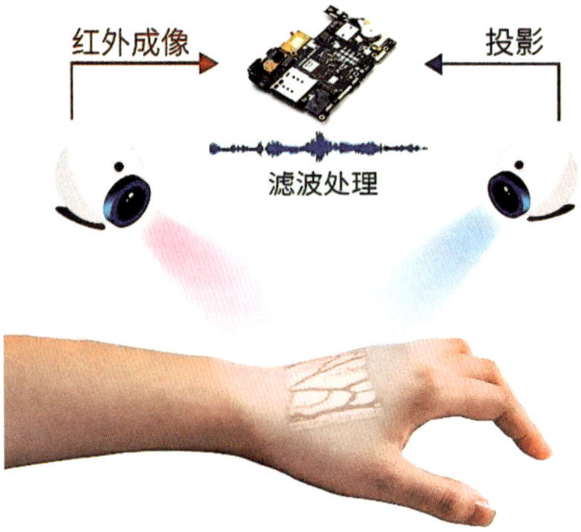

图4-6　数字光信号处理技术

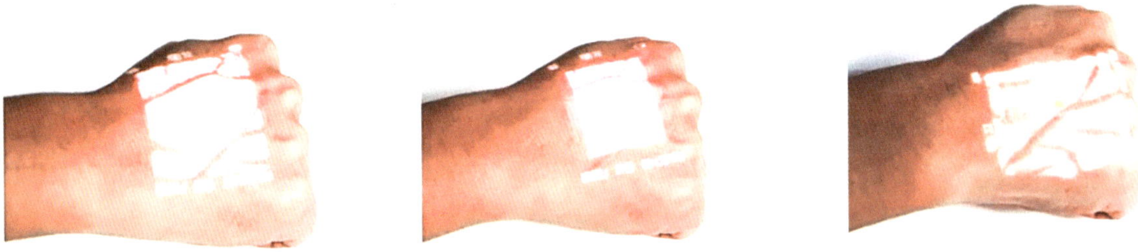

基本模式　　优化模式　　深度识别模式

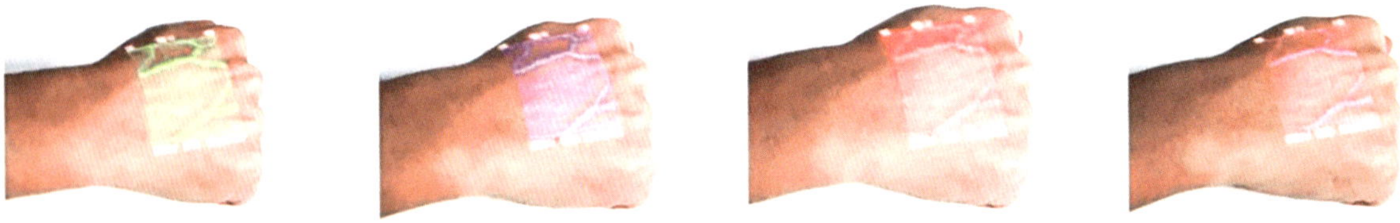

绿光模式　　蓝光模式　　红光模式　　紫光模式

图4-7　投影式红外血管成像仪的多种工作模式

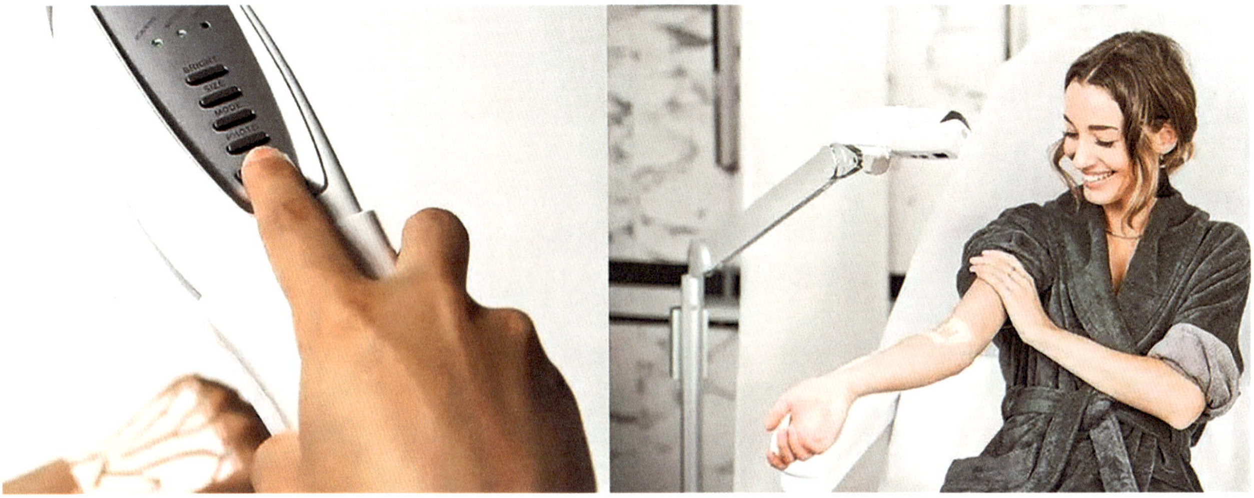

图4-8　投影式红外血管成像仪的台/立式使用方法

可以缓解患者紧张的情绪。

投影式红外血管成像仪具有运算性能高、小巧便携、使用灵活、性价比高等特点，广泛应用于静脉穿刺、静脉曲张手术，美容微整形手术，推动了皮下静脉穿刺技术的发展。2013年设备正式投入市场，已经出口至全球70多个国家，覆盖全国20多个省市，服务于国内上百家医院。2014年，中国医疗团队携带该设备赴非洲利比里亚执行抗击埃博拉疫情任务。

三、学生作品——母乳检测仪

设计者：齐鲁工业大学艺术设计学院　房玉

产后康复期是产褥期保健项目的延续和拓展，没有严格的时段限制，一般在产后一年内。这一时期，由于产后疼痛、睡眠障碍、乳腺障碍、营养不良以及心理上的压力等会影响乳汁质量或造成乳汁不足等症状。母乳检测仪可检测脂肪、蛋白质、乳糖、密度、水分、能量、纯度、矿物质等乳汁成分，以便指导乳母及时调整饮食结构（图4-9）。

产品外壳材料采用聚碳酸酯（PC）热塑性工程塑料，这种材料具有高强度、高硬度、耐酸碱、阻燃、易成型的特性，其外观整体采用一体化方形设计，简洁明快的线条彰显产品的美感，适用各种使用场景。开盖为透明塑料设计，内部清晰可见。其中，量杯体积较小，可以放入检测仪中，在不改变整体外观的前提下，取用更方便。4PIN磁吸充电设计，使用更方便，外观更简洁（图4-10）。

三色搭配可选（图4-11），以白色为主色，分别搭配灰色、绿色和蓝色，为患者提供了舒适的视觉体验，使患者感到舒缓平静，适用于家庭及医院产科病房。

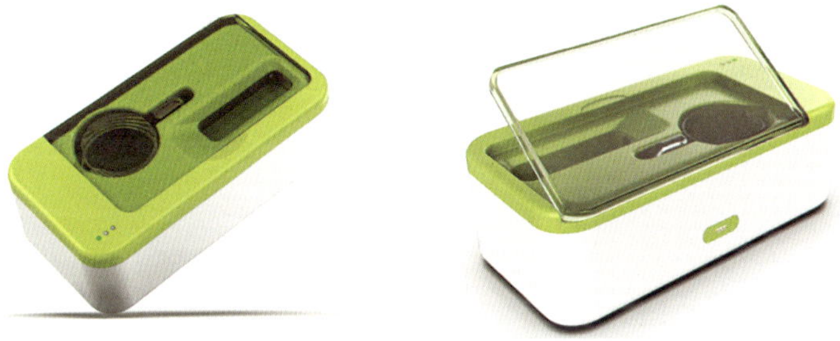

图4-9　母乳检测仪展示

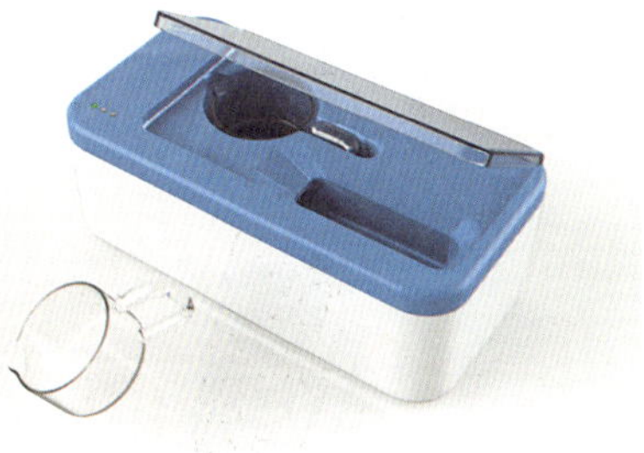

图4-10　母乳检测仪结构

图4-11　母乳检测仪配色方案

第二节　家居类产品案例赏析

一、家居类产品设计

家居产品是科学与艺术结合的产物，其产品设计知识涉及心理学、人体工学、材料、结构、美学和文化等诸多领域，设计师需要具备专深、广博的知识以及综合运用这些知识的能力，同时还必须具备传达设计构思和方案的能力。

家具是家居类产品的重要组成部分。在进行家具设计时，要注意家具设计的四大要素，即功能、材料、结构、外形。需要注意的是，四项要素不是孤立的，而是相互交叉、相互影响的。

1. 功能

家具首先要具备功能性。任何一件家具都有特定的功能要求，即使用功能。使用功能是家具的灵魂和生命，它是进行家具造型设计的前提。家具的功能包含两个方面的内容：一是满足和解决人们在日常活动和生活中的使用需求，是物质方面的要求；二是满足人们对家具在美化环境、创造优美空间方面的审美需求，是精神上的要求（图4-12）。

图4-12　具备储存功能的座椅

2. 材料

不同的家具以及同一件家具中的不同部位承担着不同的功能任务，对材料的要求也不尽相同。对于家具设计材料，除传统的木材外，还有各种人造板、金属、玻璃、石材、皮革、布艺、竹藤、高分子合成材料等可选择，深厚的材料学造诣是设计师所必备的（图4-13）。

3. 结构

不同的材料性能要求与之相适应的结构，结构直接影响家具的强度与外观形象，如框式家具、板式家具、弯曲木家具等。同时，结构也将直接影响制作的难易程度及其生产效率的高低（图4-14）。

4. 造型

家具主要通过各种不同的形状、不同的体量、不同的质感和不同的色彩等一系列视觉感受，取得造型设计的表现力。家具造型设计需要注意两个方面：形式和内涵。第一印象会影响消费者想要去了解它的欲望，因此，设计师要努力营造一定的视觉张力，在形式上创造美感。至于内涵方面，设计者要通过产品表达一定的想法，使产品具有深度。一件优秀的家具作品应当是将形式和内涵融为一体的（图4-15）。

图4-13 以木材和玻璃为主要材料的家具设计

图4-14 板式家具设计

图4-15 造型优美的家具产品设计

图4-16 餐厅和卧室的色彩对比

5. 色彩

家具的色彩设计和造型设计一样，都应该服从功能要求。如办公室的家具应该以沉静的色调为主，可以提高工作效率；餐厅家具的色彩应该以暖色调为主，以激发食欲；卧室家具应以淡雅的冷色调或中性色调为主，使人身心安宁，利于休息（图4-16）。

二、企业案例——水槽式洗碗机

设计单位：杭州瑞德设计股份有限公司、宁波方太厨具有限公司

制造单位：杭州瑞德设计股份有限公司、宁波方太厨具有限公司

获得奖项：2016第二届中国好设计大赛金奖

当下，中国城市的社会现状是家庭居住空间相对较小，因此，占地面积小、多功能的厨具设计更适合当代人的生活环境。方太水槽式洗碗机专为中国厨房发明，是根据中国家庭一餐一洗的用餐习惯及中国厨房空间紧凑的现状量身定制的，让双手远离油污，让农药远离果蔬。该水槽洗碗机集洗碗、果蔬净化、水槽三大功能于一体，市场前景广阔（图4-17）。

产品配色以黑色和灰色为主，表现出超高的品质感，用户在使用时能获得良好的体验感。其造型简约，以方形为主，更能适应厨房环境。

考虑到当下中国城市家庭居住空间相对较小的社会现状，采用水槽、果蔬、洗碗的全新三槽设计，产品的结构分布设计成“半个水槽”：一边是水槽；一边是洗碗机，自由组合，实现不同产品功能性的突破性链接、畅享完美洗涤新体验，最大限度减少厨房占用空间，满足不同家庭个性化需求，实现不需“弯腰放碗、弯腰取碗、弯腰清理”，实现污垢无死角、高效清洁（图4-18）。

图4-17 水槽式洗碗机场景图

图4-18 水槽式洗碗机分槽设计

三、学生作品——益智型儿童桌椅

设计者：齐鲁工业大学艺术设计学院　刘燕杰

该桌椅的设计在保证儿童桌椅符合人机工学的基础上，加入一些玩乐学习的功能，让桌椅变得更有趣味性。探索将桌椅和玩具进行融合，研究儿童桌椅的实用性和教育性相结合，可以培养孩子的动手、动脑能力。该设计的创新点是在桌椅上加入对长度、角度和重量的认识与学习，使实用与益智兼备（图4-19）。

以儿童套尺作为桌椅整体造型设计，整体外形是由直角尺、三角尺、圆规形态演变而来。长度系列是用标有长度尺寸的小积木，自由发挥想象力拼插椅背，加深儿童对加减长度的认识与学习。角度系列一是通过标有相应角度的小积木进行椅背的自由拼插；角度系列二是在磁吸桌面区域拼接带有相应角度的小积木，可以用不同的角度拼成不同的形状和图案，通过这两种方法来实现儿童对常用角度的认识与学习。重量系列是在桌面上通过杠杆保持平衡的原理设计一个简易称重装置，进行重量的认知与学习。通过这些方法来实现2~5岁儿童对长度、角度、重量的初步认识与学习，使桌椅的功能性和趣味性相结合（图4-20）。

桌椅的主材质采用进口樟子木，桌椅上的小积木采用的是环保ABS塑料材质。此款益智桌椅主色彩是木材自然的实木色。小积木用的是纯度与明度高的红、黄、蓝三原色加上环保色绿色，符合这个年龄段儿童喜欢艳丽明快、对比强烈的颜色的特征（图4-21）。

产品使用过程也是认识学习长度、角度以及重量的过程，具体如图4-22~图4-25所示。

图4-19　使用场景图

图4-20　产品细节图

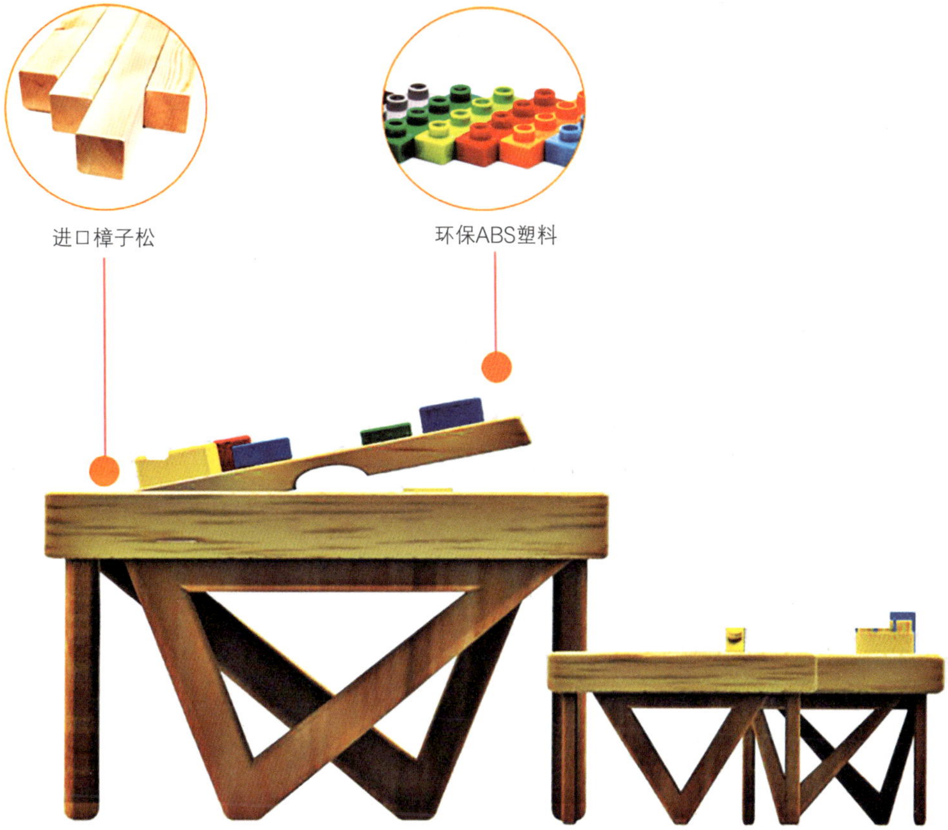

图4-21 产品材质图

图4-22 椅上长度学习

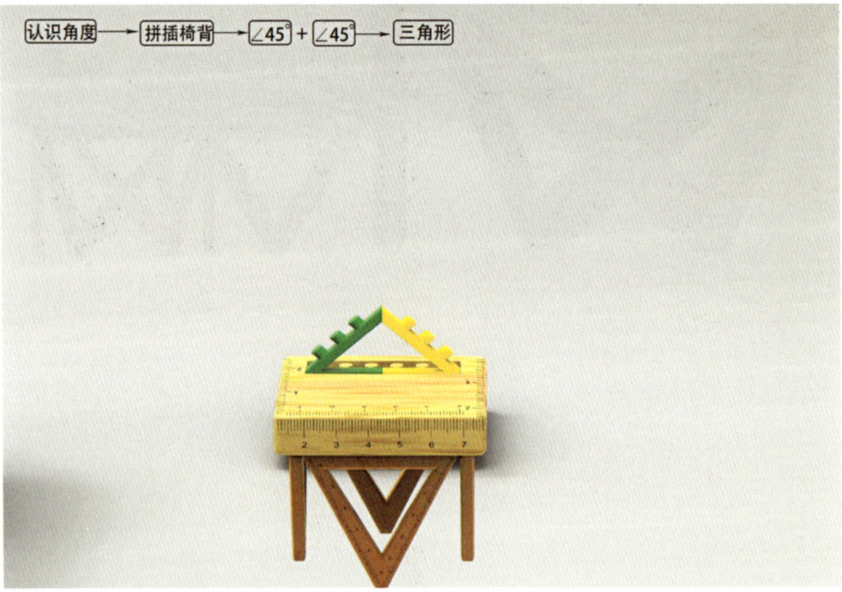

图4-23 椅上角度学习

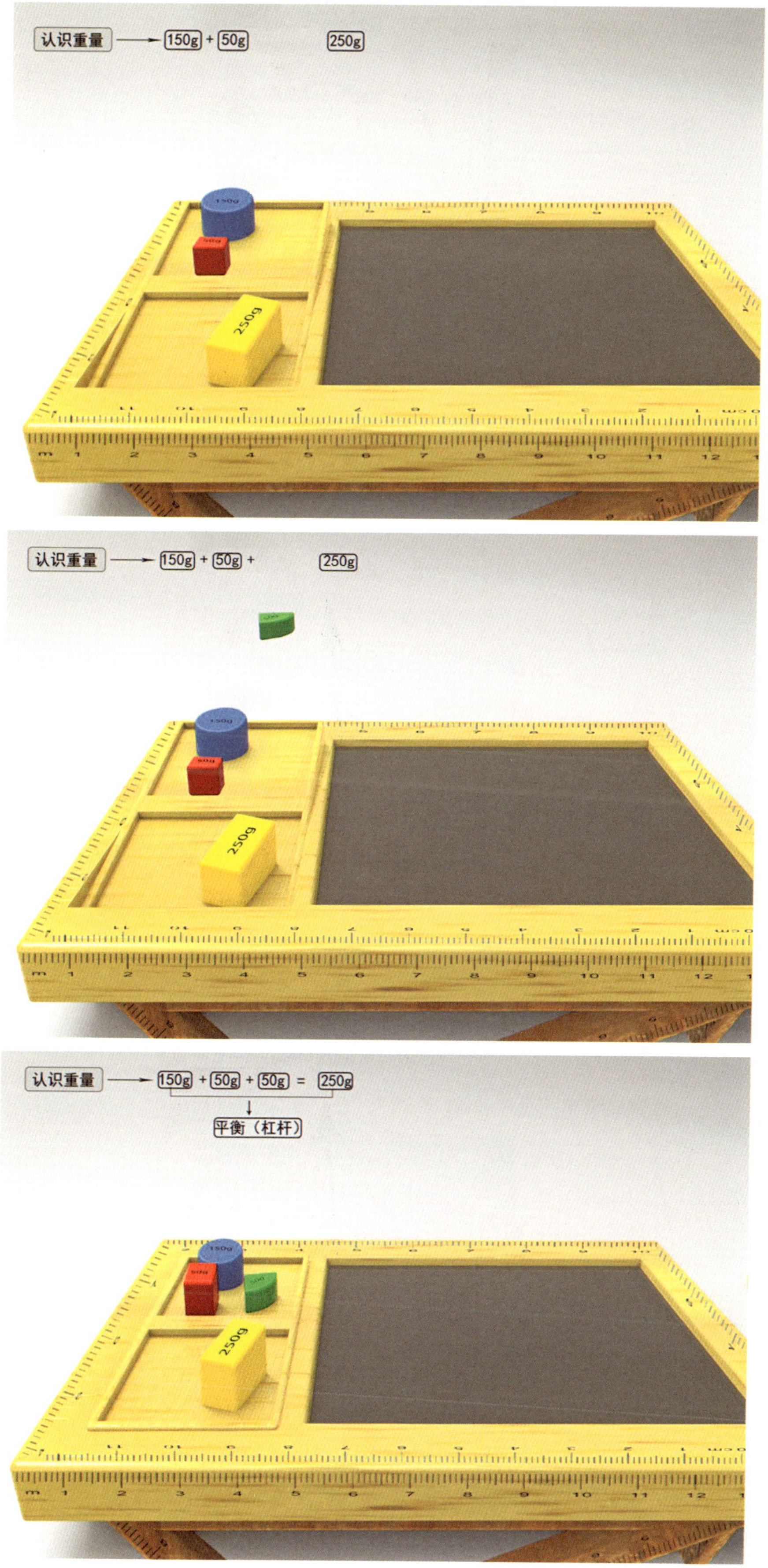
认识重量
150g + 50g
250g
250g
认识重量
150g + 50g +
250g
250g
认识重量
150g + 50g + 50g = 250g
平衡（杠杆）
250g

图4-24 桌上重量认知

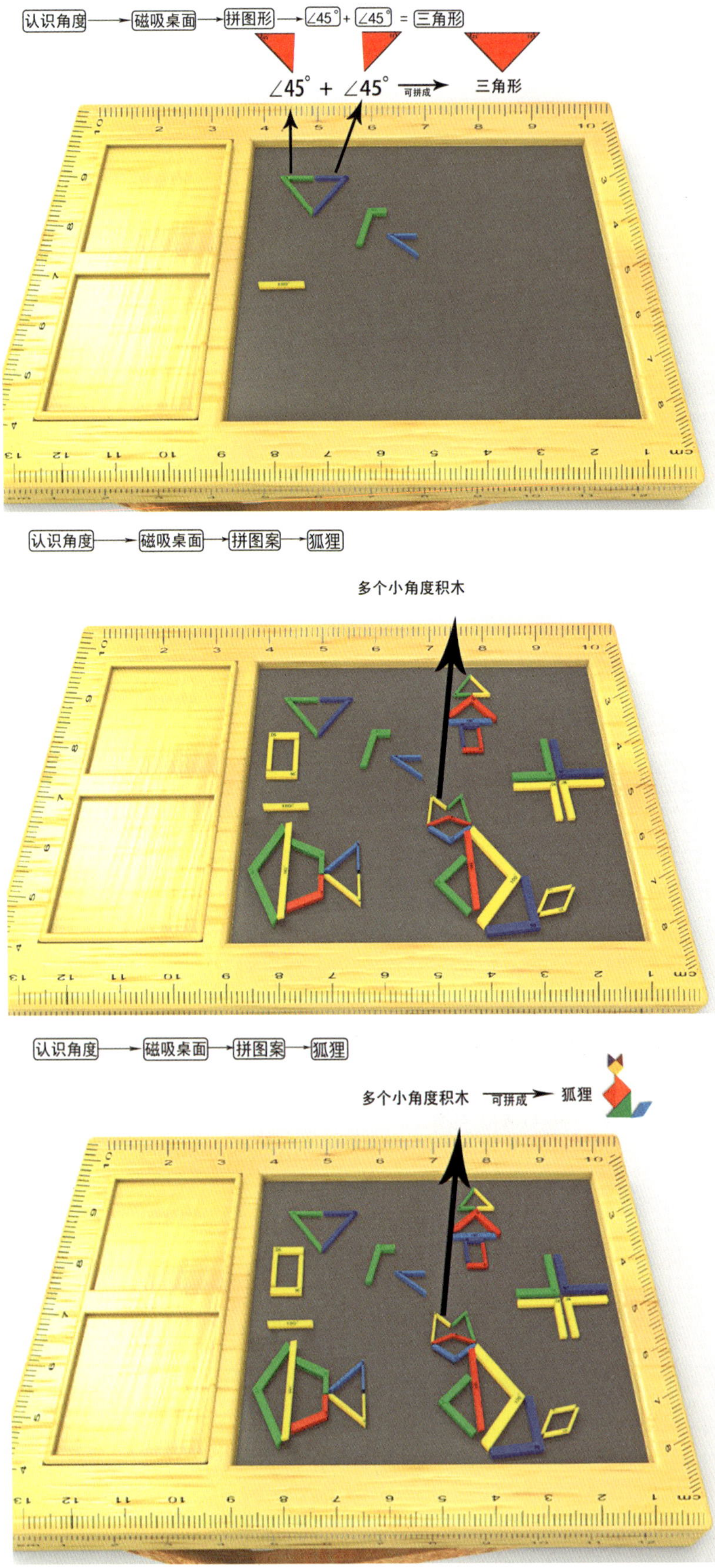
认识角度
磁吸桌面
拼图形
∠45°+∠45°=三角形
∠45° + ∠45° 可拼成 三角形
认识角度
磁吸桌面
拼图案
狐狸
多个小角度积木
认识角度
磁吸桌面
拼图案
狐狸
多个小角度积木 可拼成 狐狸

图4-25 桌上角度认知

第三节 家用电器类产品案例赏析

一、电器类产品设计

家用电器类产品需要遵循的基本原则是：安全可靠、经济实用、美观时尚。随着市场不断发展，社会日益进步，国内居民消费层次不断提高，人们对家用电器的要求也越来越高。家用电器不仅需要满足产品的实用功能，更要以独特的设计打动人心，满足人的精神需求，符合人们对生活环境以及生活品质的高要求。

1. 功能

对于电器类产品目标人群的需求有很多，产品的功能要求也随用户的不同而存在差异性。在设计过程中确保用最简单有效的造型语言解决复杂的功能问题，着重显现家具产品的功能特征。

2. 材料

电器产品所用材料极其广泛，包括五金、塑料、橡胶以及各种复合材料。随着时代的发展，电器产品的材料应用逐渐向着质感、肌理、功能方向发展，同时，以炫酷的金属工艺打造科技感也逐渐成为市场的主流（图4-26）。

图4-26 具有科技感的电器类产品设计

图4-27 运用简单线条创造出美感的电器类产品设计

图4-28 通过色彩划分区域的电器类产品设计

3. 结构

产品的结构是功能与形态的承担者。产品结构有外部结构、核心结构和系统结构。核心结构是实现产品功能的关键技术；外部结构则是构成产品形态的一个要素；系统结构是相关产品之间的关系设计，注重的是产品各个环节及相互之间的联系。在电器结构设计中应注重结构的可靠性，可靠性设计要贯穿在设计、制造、定型的全过程，尤其是在结构设计部分，结构可靠，才能让产品更安全。

4. 造型

对于家用电器产品来讲，其不仅需要发挥其基本的性能，还要在外在造型上迎合消费者的心理和审美需求。设计师在进行外观设计时，通过对外观设计中最重要的点、线、面等几何元素的综合应用，设计出家电产品外形的起伏、棱角、曲面、圆角等，进而创造出美的产品造型，给人心理上美的享受（图4-27）。

5. 色彩

在设计电器产品时，可以通过色彩来引导使用者区分不同的操作区域，从而方便操作。另外，家电产品的色彩设计可以实现其和周围环境形成和谐搭配，营造温馨的家居环境，从而让使用者感受到温馨和舒适（图4-28）。

二、企业案例——咕咚洗衣机

设计单位：海尔集团

制造单位：海尔集团、深圳创新设计研究院有限公司

获得奖项：2016年第二届中国好设计大赛金奖

为一点污渍洗整件衣服是生活中常遇到的问题，局部污渍是普遍存在的痛点，但一直没有及时可靠的解决办法。为此，海尔集团设计了这款咕咚洗衣机（codo），用“挤压洗”的洗涤方式去污，可洗掉酒渍、血渍等较小的污渍，也可用于出差、宴会等场所，应对一些突如其来的油渍或小型污渍，避免了为一个小小的污渍就要洗整件衣服的情况发生（图4-29）。

咕咚洗衣机整机尺寸为直径46mm，高度为176mm，实现了手持洗衣，也可放于包内随身携带，颠覆了传统洗衣机的设计理念，堪称世界上最小的洗衣机。其采用拍打去污的方式，高效去污且可应用于多种日常污渍。出水采用18个带凸点的0.5mm微孔防溢流结构，能够实现有效去污而且不损害衣服（图4-30）。

海尔咕咚洗衣机是一款新颖有创意的产品，它颠覆了我们对于传统洗衣机的认识，创新研究出了局部挤压式清洗的方法。产品解决了清洗局部污渍的问题，为人们的生活带来了便利。局部清洗能更节水，更节省洗涤用品，更加绿色环保（图4-31）。

图4-29 咕咚洗衣机

图4-30 咕咚洗衣机拍打去污方式

图4-31 咕咚洗衣机功能展示

另外，咕咚手持洗衣机用简单的造型实现强大的功能，小巧的身躯为良好的便携性提供了保证，把洗衣机装进口袋，可以随时随地清洁衣物。橘红色的暖色调吸引使用者的视线，红黑搭配，增强产品的品质感。

三、学生作品——自动清洁拖把桶

设计者：齐鲁工业大学艺术设计学院　李大帅

拖把和拖把桶作为日常消耗品，在我国的发展具有市场规模大的特点，但是其品牌杂乱、设计创新不足等现象也十分突出。目前，市场上的拖把主要存在着产品自身清洁不方便、脱水困难等问题。要想在众多品牌中脱颖而出，就必须以创新为核心竞争力，以创新设计来满足消费者的产品诉求。

为解决上述问题，设计出自动清洁拖把桶。产品采用“瘦长”的创新结构，方便将拖布竖直放入拖把桶，以节省空间（图4-32）。

由于免手洗是必需的功能，因此在拖把桶上设计了刮板。下部设有拖把杆顶部托承，一方面有助于拖把的稳定；另一方面也是产品的电磁开关放置处。另外，拖把桶装有触碰按压式开关，可以在拖把滑动导入时触碰开启，开启后齿轮与拖把上的齿互相咬合可将拖把带入桶内。

产品以简约的白色为主色调，能更好地与室内环境相融合，底部设计成浅灰色，给产品增加品质感的同时也对产品的功能区域进行了划分（图4-33、图4-34）。

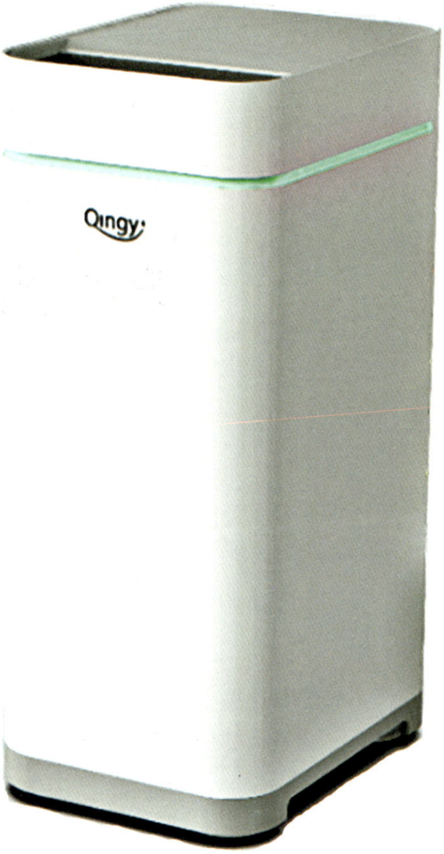

图4-32　封闭式拖把桶

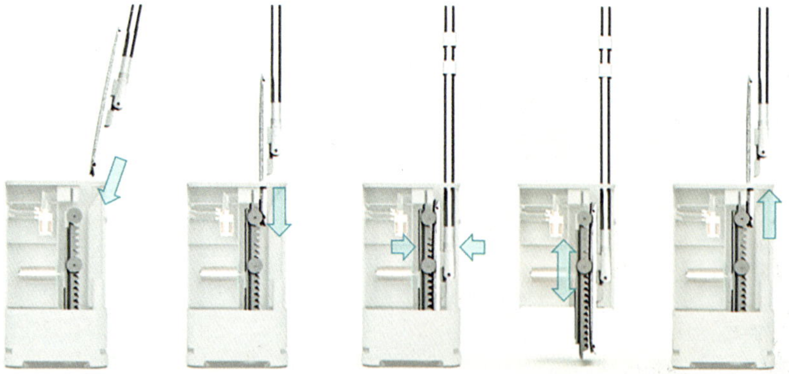

A. 拖把经过导入斜坡滑入，并触发开关

B. 开启后齿轮与拖把上的齿轮相互咬合将拖把带入桶内

C. 依靠齿轮与桶的外壁将拖把固定

D. 拖把上下移动并刮干拖把

E. 洗、干过程结束后，齿轮再将拖把移出桶，等待取用

图4-33　免手洗拖把使用流程

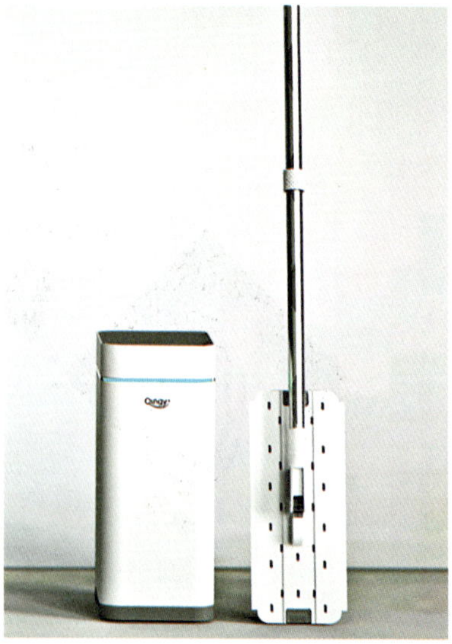

图4-34　免手洗拖把整体效果图

第四节 文化创意类产品案例赏析

一、文化创意类产品设计

随着文化创意产业的蓬勃发展，文化创意已成为未来提升设计价值的关键所在，将“文化”融入产品设计已经是全球市场的设计趋势。文化创意产品已成为继承、发扬和创新传统文化的重要载体。借由各种文化资源所开发的文创产品，以新颖、独特的风格，特色化、个性化、审美化的产品特征来吸引消费者，不断铸就中华文化新辉煌。

1. 功能

一个优秀的文创产品，不仅要具有产品实用的功能，更重要的是产品蕴含的精神文化，能够带给人们生活的便利与文化的认同归属感，可以通过文创产品，传播特定的精神文化，表达设计理念（图4-35）。

2. 材料

文化创意类产品在对材料的使用上没有特定要求，但要符合产品的功能和表达的理念，要通过材料运用，使传达的精神或理念更加容易理解（图4-36）。

3. 结构

文化创意类产品的结构设计一般是对现有结构的组合和改进。结构设计要强调产品的功能和意境，围绕功能展开设计（图4-37）。

4. 造型

成功的文化创意产品要带给人们视觉上的享受，营造意境和美感。设计师在进行外观设计时，应通过综合应用多种设计手法，提炼文化设计元素，对产品进行创新设计，迎合受众在视觉上和心理上对美的双重需求（图4-38）。

5. 色彩

色彩要根据不同的产品、不同的使用场景和人群来确定，但都要围绕着产品设计本身要表达的思想。例如，在做旅游文创产品时，可以使用饱和度相对高的颜色来吸引游客的注意力（图4-39）。

图4-35 灯具设计——故宫印象系列

图4-36　以陶瓷为主要材料的文化创意类产品设计

图4-37　结构强调功能的文化创意类产品设计

图4-38 具有造型美的文化创意类产品设计

图4-39 色彩围绕主旨的文化创意类产品设计

二、企业案例——上上香道

设计单位：北京洛可可科技有限公司

制造单位：北京洛可可科技有限公司

获得奖项：2008年国际红点设计大奖

古语云“欲得其上，必求上上。”上上之道，是一种对美好事物的深层次精神追求。在中华传统文化复兴的背景下，文化消费日趋刚性，消费者希望带回蕴含东方美学的礼品，但市场上真正能满足大众消费需求的产品少之又少，洛可可成立了“上上”自有品牌，“上上”致力于打造符合东方美学价值观的高端礼品，并一直在创造更多美好的路上。

“香枝燃尽，轨迹犹存”。“上山虎”香台将东方美学通过现代的艺术语言表达呈现，让更多文化爱好者在使用上山虎香台时都可以切身体会到东方美学的文化魅力。当老虎上到山顶，会回望自己留下的足迹。就好比我们每走过一个人生阶段，都需要回望自己走过的路。香灰的轨迹不是笔直的，总有些蜿蜒。就好比我们每个人走过的路，总有些蜿蜒起伏，不可能一帆风顺（图4-40）。

“飞龙在天”出自《周易·乾卦》的九五爻辞，经历了“潜龙勿用”“见龙在田”，终于达到“飞龙在天”的理想境界。“飞龙在天”香道产品将东方美学通过艺术再创作，以现代的艺术语言表达呈现，让更多文化爱好者在使用“飞龙在天”香道产品的时候都可以切身体会到东方美学的文化魅力，真正将传统文化薪火相传（图4-41）。

上上香道系列产品在外形上都是成熟的设计，对形态特征进行融合、简化、提取和转化，将中国传统文化符号与现代产品相结合，使东方文化与现代设计完美融合，打造属于中国人的禅意生活。

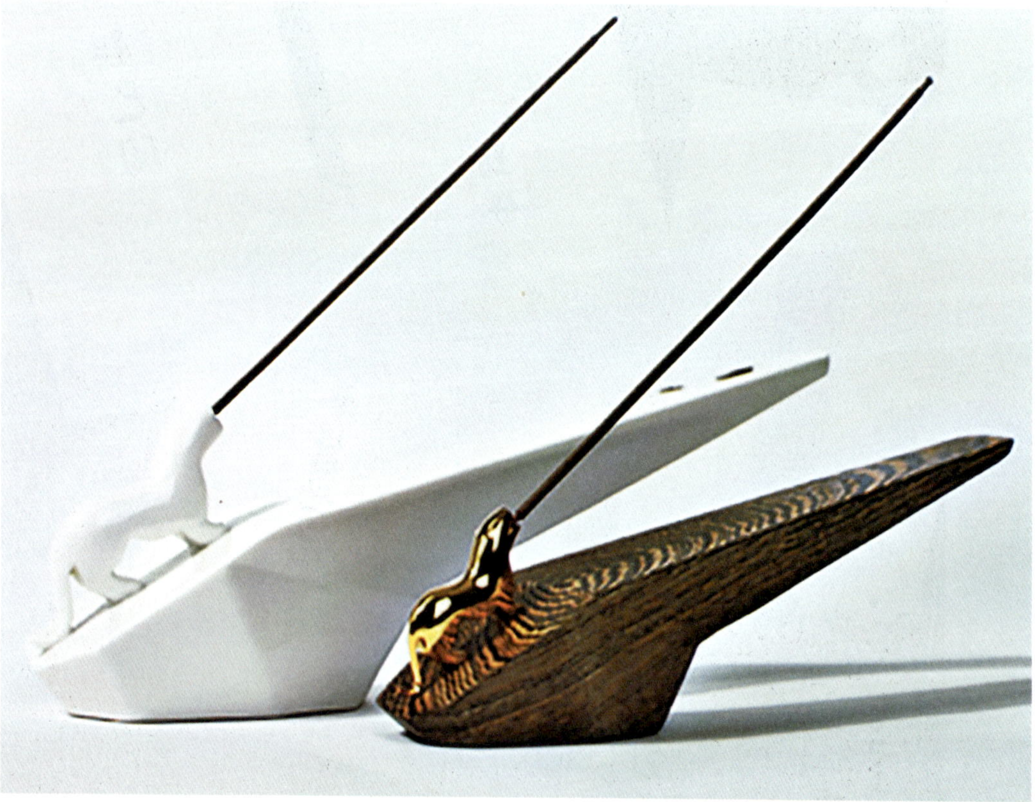

图4-40 “上山虎”香台

图4-41 “飞龙在天”香台

三、学生作品——京剧脸谱鞋子

设计者：齐鲁工业大学艺术设计学院 崔景翔

这是将脸谱的纹路抽象化设计的一款具有中国京剧脸谱元素的袜鞋。配色采用灰色和红色，灰色突显冷静，红色张扬个性。袜鞋外部的胶皮直接附着于布料鞋子之上，袜鞋的柔软增加了贴合脚面的面积，使鞋子更合脚。胶皮上有不规则的花纹设计显现个性。大面积的裸露布料可以增加鞋子的通透性，穿着更舒适（图4-42、图4-43）。

设计者：齐鲁工业大学艺术设计学院 孙汉良

这是一款结合中国京剧脸谱元素为JORDAN球鞋进行的配色方案设计，将脸谱的形态结合鞋子的LOGO和结构线进行了整合设计，既保留了脸谱所表达的中国风特色，又巧妙地将球鞋的LOGO和脸谱图案融为一体。在配色上则采用了脸谱中基本的黑、白、红三种颜色，简洁明了而且具有识别性。此外，在鞋尾部分，以所用脸谱上半部分和该脸谱的小字中文设计了刺绣图案，以此增加了中国元素的识别性（图4-44）。

图4-42 京剧脸谱元素鞋子（灰色款）

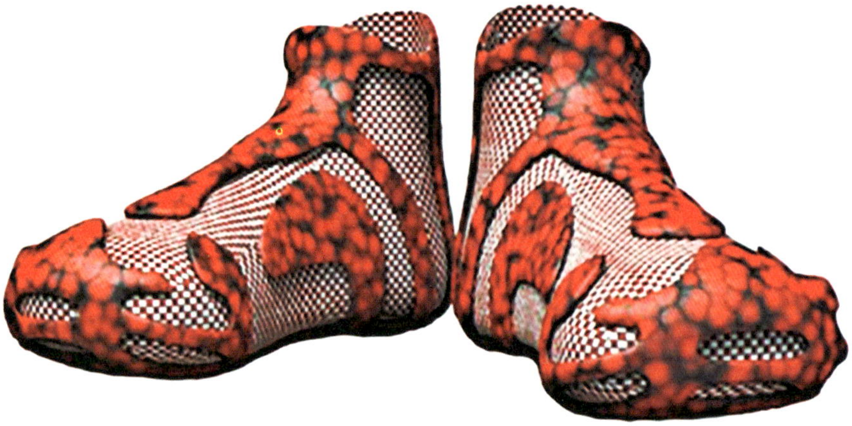

图4-43 京剧脸谱元素鞋子（红色款）

图4-44 京剧脸谱元素运动鞋设计

第五节 机械设备类产品案例赏析

一、机械设备类产品设计

机械设备类产品的范围广泛，并且种类繁多。机械设备类产品不仅重视功能的实现，也越来越重视外观的设计，使得机械设备在整体上更具吸引力，也进一步提高了机械设备的体验感和价值感。

1. 功能

对于机械设备类产品来说，使用者最看重的就是其主要功能是否能顺利实现。因此，对于机械设备类设计师来说，核心就是功能设计。例如，要做一架铣床，首先要确认的是产品具有铣削功能，其他设计，便是围绕铣削功能展开的。

2. 材料

机械设备类产品设计中，选择材料时要坚持实用性的原则，应根据零件的具体要求确定材料的种类，同时要保证材料对人的身体和环境无害，加工材料的过程中应保证低污染、低能耗，而且要充分考虑部件以及结构的不同对材料的载荷要求不同，在保证设计质量的前提下，尽量降低成本（图4-45）。

3. 结构

在进行机械设备类产品的结构设计时，要根据原理方案，设计出合理的结构，以体现所要求的功能。设计时，在注意材料、形状、尺寸、公差、热处理方式和表面状况的同时，还须考虑其加工工艺、强度、刚度、精度以及与其他零件相互之间的关系等问题（图4-46）。

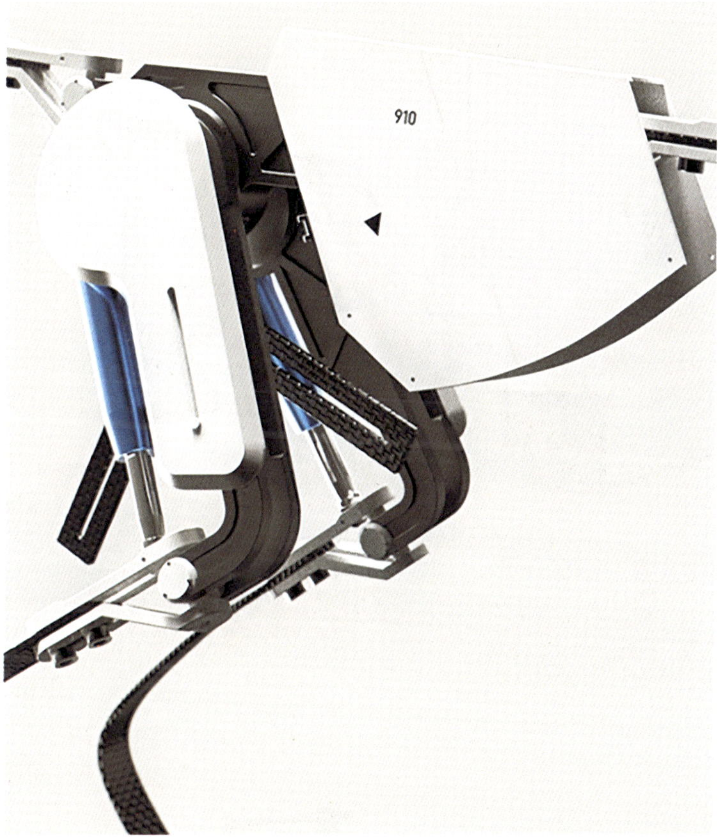

图4-45 不同部位采用不同材料的机械类产品设计

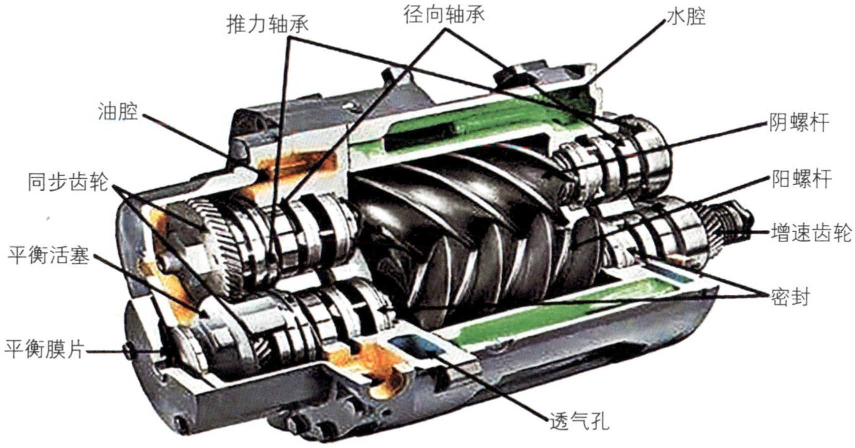

图4-46 机械类产品结构设计

4. 造型

机械设备产品造型设计要具有形体良好的立体效果与视觉效果，即稳定、协调与均衡。机械产品的外形通常由各种基本的几何形体（长方体、圆柱体、锥体等）组合而成。基本形状应在视觉上平衡，避免过分凌乱；注意保持外形轮廓各部分尺寸之间均匀协调的比例关系，可应用"黄金分割法"来确定尺寸，使产品造型更具美感（图4-47）。

5. 色彩

机械设备类产品的色彩大多偏冷或具有科技感，恰当的色彩设计可使操作者眼睛的疲劳程度降低，并能提高对设备显示信息的辨别能力。在同一个产品上，不同色调的数量不宜太多，太多的色彩会给人一种华而不实的感觉。通过一定的色彩配置可使产品显得安全、稳固，还应尽可能地提示产品的功能，使产品易于操作（图4-48）。

图4-47 造型简约的机械类产品设计

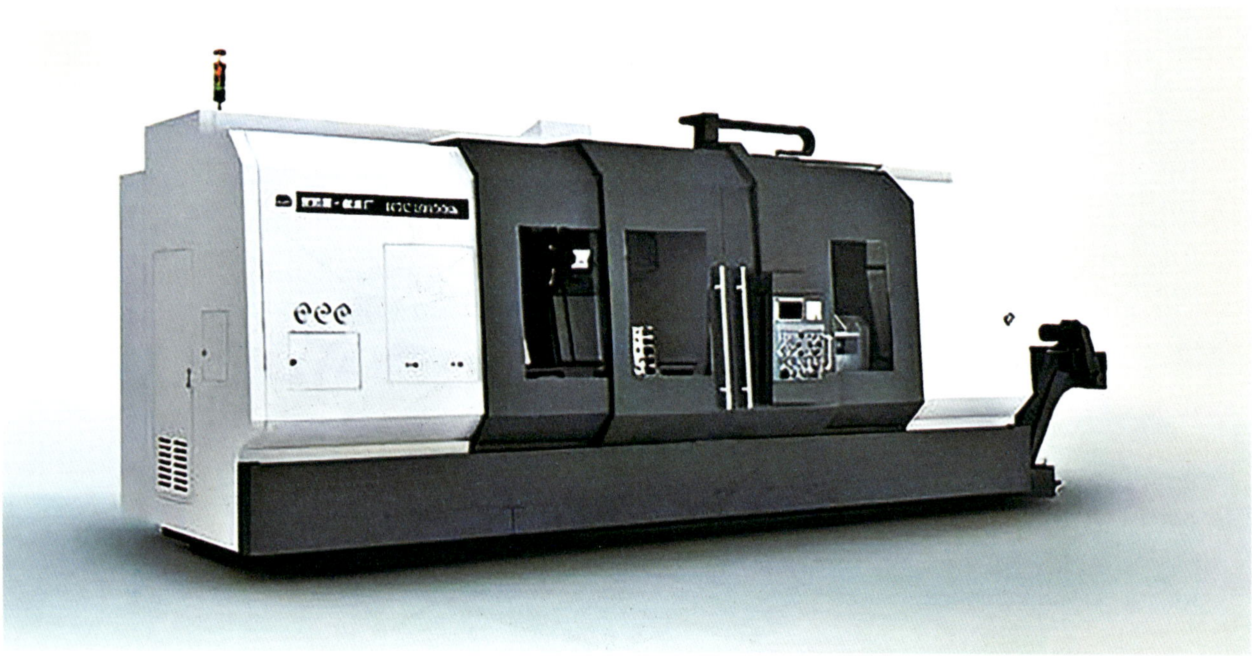

图4-48 机械类产品设计的色彩搭配

二、企业案例——金属增材制造设备BLT-S400

设计单位：西安铂力特增材技术股份有限公司

制造单位：西安铂力特增材技术股份有限公司

获得奖项：2019第五届中国好设计大赛银奖

金属增材制造设备BLT-S400（以下简称“BLT-S400”）是一种针对中、小零件批量化生产开发的双激光双向铺粉SLM设备。该设备充分考虑航空、航天、汽车等高端应用领域的质量要求，配备完善的安全控制系统、质量监控系统、粉末回收系统、高效过滤系统等先进系统，可满足包括钛合金、钴铬合金、高温合金、铝合金、不锈钢、高强钢、模具钢等多种金属材料成型（图4-49）。

BLT-S400实现了双激光、大尺寸的效率提升，进一步扩大了金属增材制造设备的应用空间与应用领域。目前，BLT-S400已累计打印零件超过400件，打印产品广泛应用于航空、航天、模具、医疗等各领域，进一步向全球彰显“中国智造”的实力。

BLT-S400采用自主研发双向铺粉技术，大幅减少铺粉时间及刮刀回程造成的时间浪费，相较于单向铺粉设备，铺粉效率提升可达60%，且龙门刮刀形式比悬臂刮刀更具稳定性，可满足中、小零件批量化生产需求。

设备控制软件可实现实时监测、质量追溯双质量监控。其中，实时质量检测系统可实现所有过程参数监控，为设备配置高清相机，可分析并保证每一层的成型质量，确保零件最终的成型品质。质量追溯系统可以记录打印过程中的每一个操作动作，以及成型室压力、温度、氧含量、滤芯状态等所有成型过程参数，使完整的成型过程被记录、保存，并最终生成质量报告，可用于后期质量追溯及研究分析（图4-50）。

BLT-S400包含激光防护玻璃、安全互锁系统、压力控制系统、成型舱氧含量关联系统、环境氧检测系统等完善的安全系统，具备CE认证、ATEX防爆评估及FDA激光安全注册，高品质核心元器件配置，可确保设备长时间安全、稳定运行。

BLT-S400的结构设计充分考虑人机交互，操作人员可设置密码避免其他人员误操作造成设备运行异常。该设备配备操作手套，取件时，人、粉隔离，确保操作安全。区别于同类产品布局，BLT-S400采用模块化设计，开放式维护空间，优化功能布局，确保设备的每一个部件均易于拆卸、更换，人机交互更加良好，为设备高效可靠运行提供有力保障（图4-51）。

图4-49　金属增材制造设备BLT-S400

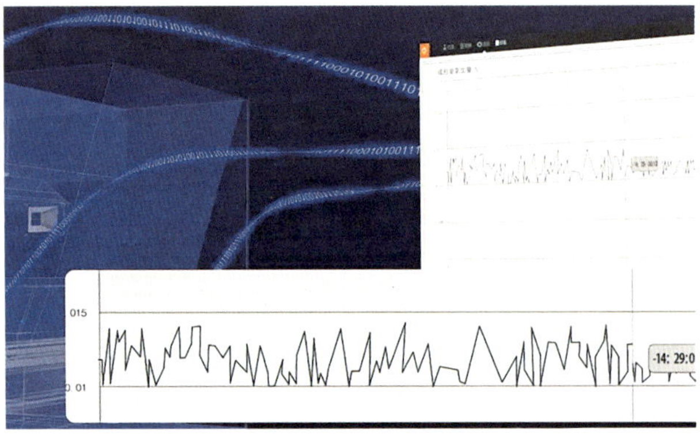

图4-50 ProfiNet总线系统

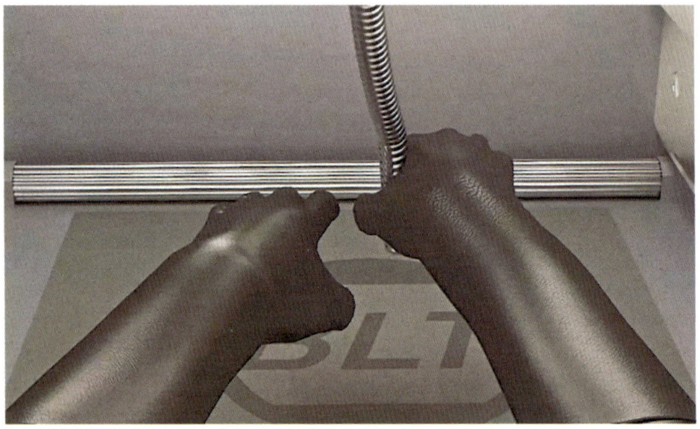

图4-51 操作手套实现人粉隔离

三、学生作品——未来挖掘机概念设计

设计者：齐鲁工业大学艺术设计学院 赵雪梅

随着国民经济不断发展，我国工程建设的规模不断扩大，挖掘机的市场需求也不断增长。但是由于挖掘机面对的施工环境各有不同，当前在人机工程、智能控制、使用安全性、造型美观程度上都有很多欠缺。例如现有挖掘机形态单一，作业时存在盲区。本设计针对上述问题，运用履带轮、微型摄像头以及无线充电技术解决了挖掘机目前存在的问题，并提出可分离式驾驶舱挖掘机的概念设计，为未来挖掘机的设计提供了一种新的思路（图4-52）。

图4-52 未来挖掘机设计效果图

在工作结束或者需要单独使用时，驾驶室可以作为代步工具，单独行驶。在驾驶舱和挖掘机主体可分离方面，主要依靠了电磁力吸附技术以及无线充电技术，使整个挖掘机的使用流程更加便捷和轻松。同时把轮子和驾驶室相结合的造型打破了原有驾驶室的模式（图4-53）。

挖掘机的驾驶室还具有遥控操作功能，在一些危险地区施工时，可以让驾驶室与机身分离，驾驶员远程遥控施工，从而消除驾驶员的人身安全隐患（图4-54）。

图4-53　未来挖掘机脱机身驾驶

图4-54　远程遥控挖掘机场景

本章小结

本章介绍了医疗类、家居类、电器类、文化创意类和机械设备类5个类别的产品设计，首先从功能、材料、结构、造型和色彩的角度讲述该类别产品的设计要点；其次列举了该类产品的优秀企业案例和学生作业。通过具体的案例设计，指导读者结合本书所讲述的知识进行产品创新设计。

课后练习与思考

练习题：选择本章节的任一个案例，对其进行优化设计。
思考题：无论是汽车行业，还是可穿戴设备行业，产品轻量化一直是设计及制造所追求的目标。鉴于最新材料技术的快速发展，轻量化将会在近几年产生大的革新。请选择一款最新的材料，设计一款轻量化产品。

参考文献

[1] 刘震元. 产品设计程序与方法 [M]. 北京：中国轻工业出版社，2019.

[2] 缪元吉，张子然，张一. 产品结构设计：结构活动型产品 [M]. 北京：中国轻工业出版社，2018.

[3] 卡尔· T. 乌利齐，史蒂文· D. 埃平格. 产品设计与开发：第6版 [M]. 北京：机械工业出版社，2019.

[4] 王受之. 世界工业设计史 [M]. 上海：上海人民美术出版，1987.

[5] 简召全. 工业设计方法学 [M]. 北京：北京理工大学出版社，1993.

[6] 张宪荣，陈麦，张萱. 工业设计理念与方法 [M]. 北京：北京理工大学出版社，2005.

[7] 古德里奇. 设计的秘密——产品设计 [M]. 刘爽，译. 北京：中国青年出版社，2007.

[8] 诺曼. 情感化设计 [M]. 付秋芳，程进三，译. 北京：电子工业出版社，2005.

[9] 徐恒醇. 设计美学 [M]. 北京：清华大学出版社，2006.

[10] 许柏鸣. 家具设计：第2版 [M]. 北京：中国轻工业出版社，2019.

[11] 陈雪杰，诺华家具. 家具设计与工艺 [M]. 北京：中国工信出版集团，2017.

[12] 李砚祖. 艺术设计概论 [M]. 武汉：湖北美术出版社，2002.

[13] 戴立农. 设计调研：第2版 [M]. 北京：中国工信出版社，电子工业出版社，2016.

[14] 王坤茜. 产品设计方法学 [M]. 长沙：湖南大学出版社. 2019.

[15] 曹祥哲. 产品造型设计 [M]. 北京：清华大学出版社. 2018.

[16] 陈文龙，沈元. 产品设计 [M]. 北京：中国轻工业出版社. 2019.

[17] 杨旸，白薇. 产品设计调研与规划 [M]. 北京：清华大学出版社. 2020.

[18] 柳冠中. 设计方法论 [M]. 北京：高等教育出版社. 2011.

[19] 吴翔. 产品系统设计——产品设计（2）[M]. 北京：中国轻工业出版社. 2020.

[20] 李乐山. 设计调研 [M]. 北京：中国建筑工业出版社. 2007.

[21] 马澜，马长山. 产品设计规划 [M]. 长沙：湖南大学出版社. 2010.